彩图 1　小龙虾夜晚摄食、活动

彩图 2　小龙虾洞穴

彩图 3　稻田漏水处聚集的小龙虾

彩图 4　青壳虾（左）和红壳虾（右）

彩图 5　雌雄鉴别图：左雄右雌

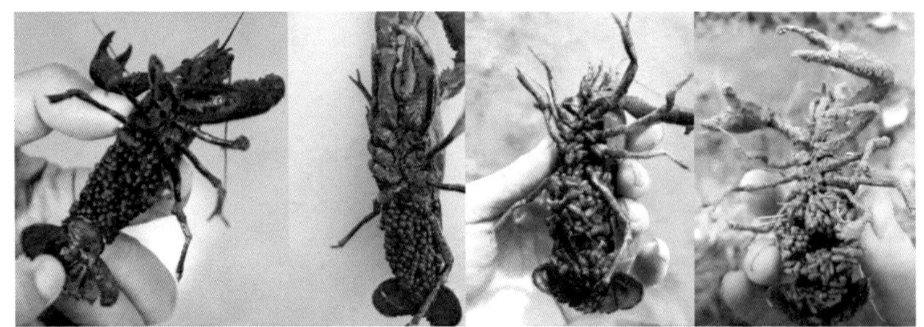
彩图 6　不同发育阶段的受精卵

彩图 7　挑选的亲虾

彩图 8　塑料筐运输亲虾

彩图 9　稻田环沟

彩图 10　饲料台

彩图 11　小龙虾起捕

彩图 12　养虾稻田

彩图 13　伊乐藻

彩图 14　苦草

彩图 15　穗颈稻瘟病

彩图 16　水稻立枯病

彩图 17　稻曲病

彩图 18　螟虫为害形成枯鞘

彩图 19　稻纵卷叶螟为害症状

彩图 20　小龙虾白斑综合征

彩图 21　小龙虾甲壳溃烂病

彩图 22　小龙虾纤毛虫病

高效稻田养小龙虾

成都市农林科学院　组编
主　编　李良玉　陈　霞
副主编　魏文燕　唐　洪　李　毅
参　编　曹英伟　杨壮志　文可绪　杨　马　张小丽
陈　健　刘家星　王　恒　程东进　袁晓梅
蔡良俊　周立新　王定国　苏中海　陈　琪

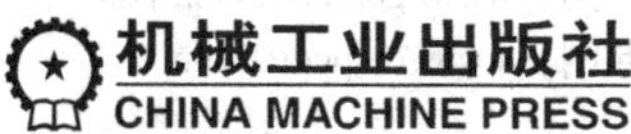

本书以小龙虾产业现状、存在的问题和发展前景为背景，从小龙虾与稻田养殖有关的生物习性入手，详细讲述了稻虾种养产业链中小龙虾、水草、水稻3个核心要素的方方面面，全面介绍了亲虾培育及繁殖、苗种培育、稻虾连作、稻虾共作、水草栽培、水稻栽培和虾病防治等小龙虾养殖的各个环节及关键技术。本书图文并茂，内容新颖实用，设有“提示”“注意”等小栏目，对一些知识点配有二维码视频，附有养殖实例，方便读者更好地掌握知识要点。

本书可供广大小龙虾养殖户、技术人员学习使用，也可作为新型农民创业和行业技能培训的教材，还可供水产相关专业师生阅读参考。

图书在版编目（CIP）数据

高效稻田养小龙虾/李良玉，陈霞主编；成都市农林科学院组编. —北京：机械工业出版社，2018.9（2022.10重印）
（高效养殖致富直通车）
ISBN 978-7-111-60599-7

Ⅰ. ①高…　Ⅱ. ①李…　②陈…　③成…　Ⅲ. ①稻田－龙虾科－淡水养殖　Ⅳ. ①S966.12

中国版本图书馆CIP数据核字（2018）第171155号

机械工业出版社（北京市百万庄大街22号　邮政编码100037）
策划编辑：周晓伟　责任编辑：周晓伟　高　伟
责任校对：张　力　责任印制：张　博
北京建宏印刷有限公司印刷
2022年10月第1版第2次印刷
147mm×210mm · 4.875印张 · 2插页 · 153千字
标准书号：ISBN 978-7-111-60599-7
定价：29.80元

凡购本书，如有缺页、倒页、脱页，由本社发行部调换

电话服务
服务咨询热线：010-88361066
读者购书热线：010-68326294
010-88379203

网络服务
机工官网：www.cmpbook.com
机工官博：weibo.com/cmp1952
金书网：www.golden-book.com
教育服务网：www.cmpedu.com

高效养殖致富直通车

编审委员会

序 Foreword

改革开放以来，我国养殖业发展非常迅速，肉、蛋、奶、鱼等产品产量稳步增加，在提高人民生活水平方面发挥着越来越重要的作用。同时，从事各种养殖业也已成为农民脱贫致富的重要途径。近年来，我国经济的快速发展对养殖业提出了新要求，以市场为导向，从传统的养殖生产经营模式向现代高科技生产经营模式转变，安全、健康、优质、高效和环保已成为养殖业发展的既定方向。

针对我国养殖业发展的迫切需要，机械工业出版社坚持高起点、高质量、高标准的原则，组织全国20多家科研院所的理论水平高、实践经验丰富的专家学者、科研人员及一线技术人员编写了这套“高效养殖致富直通车”丛书，范围涵盖了畜牧、水产及特种经济动物的养殖技术和疾病防治技术等。

丛书应用了大量生产现场图片，形象直观，语言精练、简洁，深入浅出，重点突出，篇幅适中，并面向产业发展需求，密切联系生产实际，吸纳了最新科研成果，使读者能科学、快速地解决养殖过程中遇到的各种难题。丛书表现形式新颖，大部分图书采用双色印刷，设有“提示”“注意”等小栏目，配有一些成功养殖的典型案例，突出实用性、可操作性和指导性。

丛书针对性强，性价比高，易学易用，是广大养殖户和相关技术人员、管理人员不可多得的好参谋、好帮手。

祝大家学用相长，读书愉快！

赵广永

中国农业大学动物科技学院

Preface 前言

稻田养殖小龙虾是利用稻田的浅水环境，加以人工改造，在同一稻田内既种稻又养虾，实现了“一田多用、一水多用、一季多收、提质增效”。而且稻田种养过程中采用绿色综合防控技术，不使用对小龙虾有害的农药，减少了对小龙虾的危害，同时在小龙虾养殖过程中采取种植水草等措施，调控、净化水质，提高小龙虾和水稻质量，品质有了提升，小龙虾和优质大米的市场认可度逐渐升高，在维护生态平衡的同时又能达到增收的目的，两全其美。因此，稻田养殖小龙虾是名副其实的资源节约型、环境友好型、食品安全型的农业产业新模式。

为了满足广大种养大户、基层技术推广人员和农民朋友对稻田养殖小龙虾技术的需求，编者搜集整理了国内稻田养殖小龙虾的技术资料，结合多年来的生产实践，编写了本书。本书简化了对小龙虾的基础理论的探讨，重点解决生产实践中的问题，囊括了稻虾种养产业链中小龙虾、水草、水稻3个核心要素的方方面面，对一些知识点配有二维码视频（建议读者在 Wi-Fi 环境下扫码观看），力求做到重点突出、可操作性强、有较强的生产指导意义。编写内容尽量简明扼要，通俗易懂，可以作为养殖户的生产指导用书，也可作为水产科研单位、渔业主管部门的技术培训教材。

需要特别说明的是，本书所用药物及其使用剂量仅供读者参考，不可照搬。在生产实际中，所用药物学名、常用名与实际商品名称有差异，药物浓度也有所不同，建议读者在使用每一种药物之前，参阅厂家提供的产品说明以确认药物用量、用药方法、用药时间及禁忌等。购买兽药时，执业兽医有责任根据经验和对患病动物的了解决定用药量及选择最佳治疗方案。

在本书编写过程中，除了编者在平时工作中总结出的一些经验外，还参考了国内许多专家学者的研究成果，在此深表谢忱！

由于水平和时间有限，书中难免有不妥之处，敬请同行专家和广大读者批评指正。

编　者

目录 Contents

第一章 概述

第一节 小龙虾的分类与自然分布

1. 分类

小龙虾，学名克氏原螯虾（*procambarus clarkii*），英文名称 red swamp crayfish（红沼泽螯虾），在动物分类学上隶属于节肢动物门（arthropoda）、甲壳纲（crustacea）、十足目（decaoda）、蝲蛄科（cambaridae）、原螯虾属（*procambarus*），在淡水螯虾类中属于中小型个体。

> **提示**
>
> 小龙虾与昆虫纲内的动物如蜜蜂的亲缘关系比鱼类更近，杀昆虫的农药易致小龙虾中毒死亡，鱼类催产剂对小龙虾无效。

2. 自然分布

小龙虾原产于北美洲，现广泛分布于美国、墨西哥和澳大利亚等 40 多个国家和地区。

1918 年小龙虾自美国引入日本，1929 年由日本引进我国江苏，现已广泛分布于除西藏外的所有省、直辖市、自治区，是我国水产养殖的重要品种之一。长江流域由于生物种群量较大，成为小龙虾的主产区。

第二节 小龙虾产业发展现状

一、产业规模

1. 养殖面积和产量

我国现已成为世界最大的小龙虾生产国，2008—2017 年，全国小龙虾养殖产量由 36. 46 万吨增加到 112. 97 万吨，增长了 210%（图 1-1）；全国养殖面积 1200 万亩（1 亩≈666. 7 米^2）。

图 1-1　2008—2017 年全国小龙虾养殖产量变化情况

注：本图数据源于《中国小龙虾产业发展报告（2018）》。

四川省小龙虾养殖起步虽晚，但发展快。小龙虾养殖产量为：2012 年 1993 吨，2013 年 2474 吨，2014 年 2765 吨，2015 年 3141 吨，2016 年 3915 吨，2017 年 7841 吨。受益于火爆的小龙虾消费市场，目前在全省各地掀起了一股小龙虾稻田养殖热潮，其中，成都、内江、绵阳和广安等市 2017 年产量增加幅度较大。

2. 产业产值

我国小龙虾产业发展始于 20 世纪 90 年代初，从最初的"捕捞 + 餐饮"，逐步向小龙虾养殖、加工、流通及旅游节庆一体化服务拓展，形成了完整的产业链条。

在小龙虾产业链中，第一产业以小龙虾养殖业为主；第二产业以小龙虾加工业为主；第三产业为以小龙虾为基，以市场流通、餐饮服务、节庆文化、休闲体验为主要内容和表现形式的服务业。

2017 年小龙虾经济总产值约 2685 亿元，比 2016 年增长了 83.15%。其中，养殖业产值约 485 亿元，以加工业为主的第二产业产值约 200 亿元，以餐饮为主的第三产业产值约 2000 亿元。

据不完全统计，2017 年全国从事小龙虾生产经营的合作经济组织近 5000 个，小龙虾全产业链从业人员约 520 万人。

二、产业布局

1. 生产产区

我国小龙虾主要产于长江流域，湖北、江苏、安徽、江西、湖南 5 个主产省产量占全国总产量的 96.91%。湖北省养殖规模最大，2017 年小龙虾养殖面积 544 万亩，产量 63.16 万吨，占全国总产量的 55.91%。湖

南省养殖规模增长较快，四川、重庆、河南、山东、浙江、广西等地小龙虾养殖也逐步发展，养殖区域逐年扩大（表1-1）。

表1-1 2012—2017年5个主产省小龙虾养殖面积和产量情况

年份＼地区	湖北		江苏		安徽		江西		湖南	
	面积/万亩	产量/万吨	面积/万亩	产量/万吨	面积/万亩	产量/万吨	面积/万亩	产量/万吨	面积/万亩	产量/万吨
2012	263	30.22	64	8.37	32.6	8.57	23	5.83	3.6	0.2
2013	301	34.75	63.8	8.33	46.5	8.69	23	5.88	4.56	0.27
2014	368.5	39.3	61	8.8	69.6	9.32	24	6.05	7.11	0.35
2015	378.7	43.3	62.3	9	75	9.72	25	6.17	35.08	1.75
2016	487	48.9	62.3	9.65	80.6	11.78	26	6.52	112	5.6
2017	544	63.16	138.2	11.54	148	13.77	59	7.44	120	13.57

注：本图数据源于《中国小龙虾产业发展报告（2018）》。

2. 养殖模式

按养殖水域分，2017年全国小龙虾稻田养殖面积约为850万亩，占总养殖面积的70.83%，池塘养殖面积约为200万亩，占总养殖面积的16.67%，其他虾蟹混养、大水面增殖、莲（茾）田套养等混养面积约为150万亩，占总养殖面积的12.50%（图1-2）。2017年全国小龙虾稻田养殖面积约占全国稻田养殖面积（2524万亩）的47.54%，较2016年增加了7.54%。

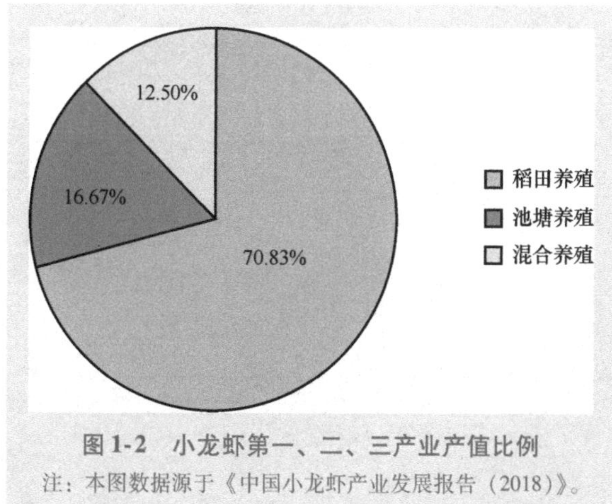

图1-2 小龙虾第一、二、三产业产值比例

注：本图数据源于《中国小龙虾产业发展报告（2018）》。

三、产业发展前景

近年来，小龙虾消费量猛增，已成为大部分家庭的家常菜肴。据市场调查，一般的大中城市一晚上的小龙虾消费量在1.5万千克左右。据中投顾问发布的《2017—2021年中国小龙虾产业深度调研及投资前景预测报告》资料显示，小龙虾国内消费以餐饮和加工为主，且呈快速增长态势，目前处于供不应求的状态。

作为消费市场千亿元的爆款单品，小龙虾产业链长，且国内市场的需求仍有一定缺口，国际市场也有旺盛的需求。小龙虾正在经历生产过程的工业化和规模化，在这个过程中，行业效率亟待提高，是新企业趁机壮大的最好机会。

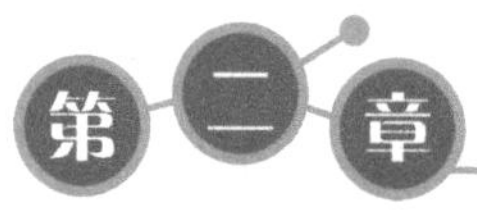

第二章 小龙虾的生物学特征

第一节 形态特征

一、外部形态

小龙虾由头胸部 13 节和腹部 7 节共 20 个体节组成，有 19 对附肢，体表具有坚硬的甲壳，即虾壳，其外部形态如图 2-1 所示。小龙虾体长是指从小龙虾眼柄基部到尾节末端的伸直长度（厘米），全长是指从额角顶端到尾肢末端的伸直长度（厘米）。

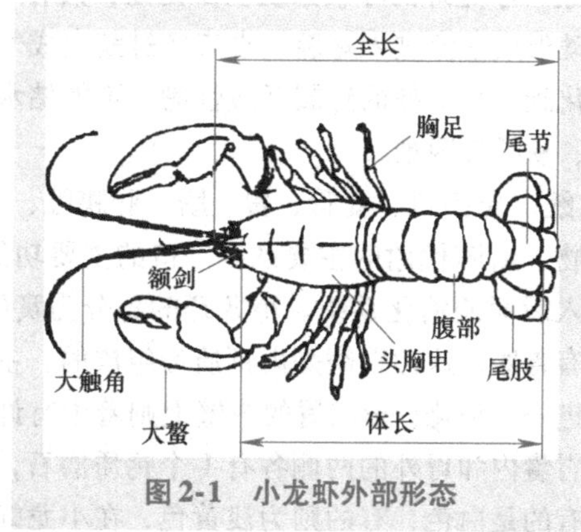

图 2-1　小龙虾外部形态

提示

小龙虾苗种规格一般指的是全长，而商品虾规格指的是体长。

二、内部结构

小龙虾属节肢动物门，体内无脊椎，分为呼吸系统、消化系统、肌

肉运动系统、循环系统、排泄系统、神经系统、生殖系统和内分泌系统共 8 大部分。具体内部结构如图 2-2 所示。

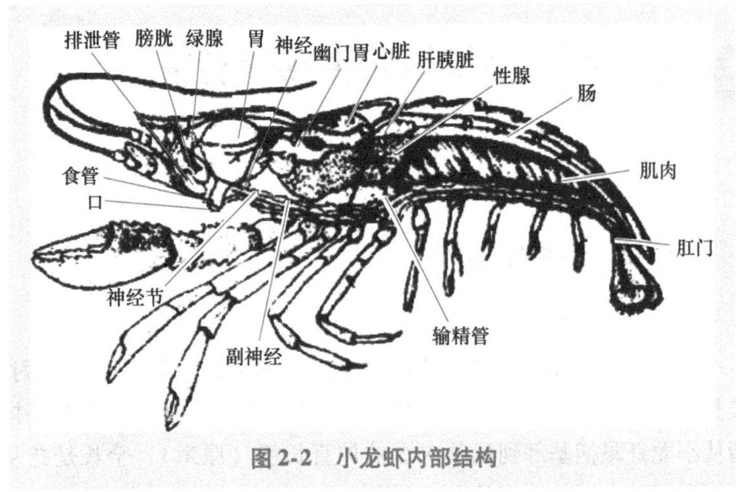

图 2-2　小龙虾内部结构

（1）呼吸系统　小龙虾的呼吸系统主要是鳃，共有 17 对。呼吸时，口周围的附肢运动形成水流进入鳃腔，水流经过鳃完成气体交换，获取氧气，排出二氧化碳。小龙虾的鳃属开放性鳃，不能储水，若离水时间过长，鳃丝干燥，易呼吸困难。

（2）消化系统　包括口、食管、胃、肠、肝胰脏、直肠、肛门等，是小龙虾消化食物、新陈代谢的主要系统。口的主要功能是吞咽食物，食物通过食管进入后面的消化系统。小龙虾的胃分为贲门胃和幽门胃，贲门胃的胃壁上有胃磨，这种胃磨是由钙质齿组成的，主要功能是初步磨碎食物，便于进一步消化；幽门胃的内壁上则着生有许多刚毛。特别要注意的是，在胃囊内和胃外的两侧各有 1 个钙质磨石，这种磨石呈半圆形、纽扣状，有的是白色，有的则为浅黄色，在小龙虾每一次蜕壳前期和蜕壳期都比较大，在蜕壳间期则比较小，它起着调节小龙虾体内钙质的重要作用，确保蜕壳能顺利完成。胃的后面则是肠，呈细长的管状，在摄食高峰期，肠管里总是充盈着食物，肠的前端两侧各有 1 个黄色的、分枝状的肝胰脏，肝胰脏与肝管和肠道相连。肠的后面部分渐渐地变得更加细长，位于腹部的背面，末端是直肠，通向肛门，小龙虾的肛门开口在尾节的腹面。

提示

小龙虾消化道短，摄食量不大，但消化能力强。

（3）肌肉运动系统 由肌肉和甲壳共同组成，是小龙虾完成掘洞、交配、摄食、防卫、运动的主要系统。甲壳又称为外骨骼，主要起着支撑小龙虾身体的作用，同时在肌肉的牵动下发挥运动的功能。

（4）循环系统 小龙虾的循环系统是一种开放式管状循环系统，包括心脏、血液和血管。心脏位于头胸部背面的围心窦中，是一种半透明的、呈多角形的肌肉囊，有3对心孔，每对心孔内均有防止血液倒流的膜瓣。小龙虾的血管呈透明状，非常细小，共有8条主要血管，分别是5条由心脏前行的动脉血管、1条由心脏后行的腹上动脉血管、2条由心脏下行的胸动脉血管。小龙虾的体液就是它的血液，和一般鱼的血液不同，它是一种透明的液体，并不是红色的。

（5）排泄系统 小龙虾的排泄系统由绿腺和膀胱共同组成。绿腺1对，位于头部大触角的基部内部，腺体后面就是膀胱，由排泄管通向大触角基部，并开口于体外，通过绿腺和膀胱的共同作用就可以及时将体内的废物排出体外。

（6）神经系统 小龙虾的神经系统包括神经节、神经和神经索。神经节主要有脑神经节和食管下神经节等，能分泌多种神经激素。神经是一种承上启下的结构，连接神经节通向全身，通过神经系统的作用，依靠神经激素来达到调控小龙虾的生长、蜕皮及生殖生理过程。

（7）生殖系统 小龙虾是雌雄异体，可分为雄性生殖系统和雌性生殖系统，在小龙虾的生殖、种族延续中起着至关重要的作用。雄性生殖系统包括1对精巢、1对输精管和1对生殖突，其中生殖突位于第五胸足的基部。雌性生殖系统包括1对卵巢、1对输卵管和1对生殖孔，其中生殖孔位于第三胸足的基部，和输卵管相连。

注意

雄性小龙虾的交接器（第1、2对腹足）及雌性小龙虾的储精囊虽然不属于生殖系统，但是它们在小龙虾的生殖过程中具有重要作用。

（8）内分泌系统　小龙虾的内分泌系统比较弱，存在位置也往往被其他系统所覆盖，具体表现为它的内分泌腺多与其他结构组合在一起，以至人们往往忽略了它的存在。如在小龙虾的眼柄处就有激素分泌细胞，能分泌多种调控蜕皮、蜕壳和性腺发育的激素；大颚器上也能分泌一种化学物质——甲基法尼酯，这种物质具有调控小龙虾精子卵细胞蛋白的合成，以及性腺发育的功能。

第二节　与稻田养殖相关的生活习性

一、夜行性

小龙虾为夜行性甲壳动物，有明显的昼夜垂直移动现象，白天躲藏，夜晚出来摄食和活动（彩图1）。在光线强烈时沉入水底，躲在洞穴或草丛中。

夜晚摄食的小龙虾

注意

根据小龙虾夜行性的特点，白天见到大量小龙虾是极不正常的，生产操作（投食、观察）都应该在傍晚或黎明进行。

二、打洞穴居

小龙虾有一对特别发达的螯，喜欢打洞穴居。洞穴口一般为圆形（彩图2），方向多为笔直向下或稍倾斜，此方向的洞穴一般比较浅；也有极少洞穴为横向平面走向，此方向的洞穴一般比较深，最深可达1.94米。

1. 位置

小龙虾多数在稻田田埂内侧的斜坡水面上下打洞，其中以水面上下20厘米左右居多；新鲜土壤上多见，田面软泥处近来有见较多洞穴。

【窍门】>>>>

小龙虾稻田田埂一定要有坡度，才能提供更多打洞的空间。

2. 深度

洞穴深浅、走向与水位变化、土质及小龙虾生活周期有关。大多数

新洞深40厘米左右。当水位升降幅度大和处于繁殖期时，洞穴较深；水位稳定和处于越冬期时，洞穴较浅。一般情况下，小龙虾在繁殖期和越冬期打洞。

提示

稻田防逃设施建设一定要下入地面以下20厘米，田埂宽度达到3米。

3. 打洞时间和速度

小龙虾打洞时间多在夜间，速度非常快，尤其处于应激状态、环境剧烈改变时往往会打洞，持续6~8小时，体长1.2厘米的稚虾已会打洞，洞穴深10~25厘米，幼虾一夜可挖25厘米，成虾一夜可挖40厘米。

三、适应性强

小龙虾对环境的适应性较强，生存温度范围和地理位置广，耐低氧，利用空气中氧气的本领很高，离开水体之后，只要保持湿润，可以安然存活2~3天。耐高温、抗严寒，在温度达到30℃以上能进行蜕壳生长，在0℃以下也能维持生命。最适合小龙虾生长的水体为pH 7~8.5、溶解氧含量5.0毫克/升、水温17~31℃。

小龙虾能在池塘、河沟、湖泊、稻田、沼泽地等水体中生长繁殖，对不良环境的耐受力很强，耐干能力强。不管在南方还是北方的稻田、沟渠、池塘甚至一些富营养化非常严重的水体环境中均能存活。小龙虾具有较强的耐饥饿能力，一般可以3~5天不进食，而在秋冬季节一般20~30天不进食仍能正常生活，具有较强的抗逆力。

注意

小龙虾虽然适应性强，但是如果养殖水体溶解氧长期较低会影响其生长，氨氮含量长期处于高值容易破坏小龙虾的鳃，引起慢性中毒，因此养殖过程中一定要时刻监测水质。

四、药物敏感

小龙虾对目前广泛使用的农药非常敏感，这也是近年来各地小龙虾野生资源锐减的原因之一。据研究，除虫菊酯类等农药安全浓度为微克级，即水体中只要微量含有就会导致小龙虾中毒或死亡，漂白粉、生石

灰等消毒药物，剂量太大也会致死。小龙虾对植物酮和茶碱不敏感，如鱼藤精、茶饼汁。部分物质（如农药、杀虫药、消毒药、重金属离子、水体因子）对小龙虾的安全浓度见表2-1。

【窍门】>>>>

小龙虾稻田养殖中最常用茶饼清除野杂鱼及螺。

表2-1　部分物质对小龙虾的安全浓度（48LC_{50}和SC）表

药物名称	48LC_{50}①	SC②
溴氰菊酯	0.0993微克/升	0.043微克/升
氯氰菊酯	0.063微克/升	0.006微克/升
毒死蜱	19.5微克/升	2.79微克/升
敌杀死	3微克/升	0.4微克/升
卷清	4.33微克/升	1微克/升
索虫王	14.6微克/升	1.8微克/升
逐灭	34.8微克/升	1.59微克/升
克虫威	0.19微克/升	0.043微克/升
百草一号	15.8毫克/升	4.16毫克/升
敌敌畏	0.198毫克/升	0.0372毫克/升
锐劲特	0.0601毫克/升	0.00822毫克/升
抑虱净	6.47毫克/升	1.24毫克/升
兴科	0.199毫克/升	0.0178毫克/升
草甘膦	4060毫克/升	659毫克/升
五氯酚钠	500毫克/升	100毫克/升
稻瘟灵	33.49毫克/升	6.34毫克/升
敌百虫	35.75毫克/升	3.24毫克/升
吡虫啉	10.98毫克/升	1.1毫克/升
氯虫苯甲酰胺	335.64毫克/升	84.72毫克/升
乙撑双二硫代氨基甲酸铵	83.8毫克/升	6.76毫克/升
阿维菌素	0.84毫克/升	0.117毫克/升

（续）

药物名称	$48LC_{50}$①	SC②
苯扎溴铵	13.35毫克/升	1.34毫克/升
新型苯扎溴铵	9微克/升	0.7微克/升
聚维酮碘	13.89毫克/升	1.39毫克/升
苯扎溴铵络合碘	32.36毫克/升	3.24毫克/升
溴氯海因	20.28毫克/升	1.96毫克/升
硫酸铜	7.93毫克/升	0.91毫克/升
高锰酸钾	5.09毫克/升	0.44毫克/升
生石灰	62.46毫克/升	8.08毫克/升
食盐	10.83克/升	2.04克/升
三氯异氰脲酸	95毫克/升	10.5毫克/升
二氧化氯	310毫克/升	28.9毫克/升
铬	165.23毫克/升	9.25毫克/升
铜	5.28毫克/升	0.0528毫克/升
锌	22.09毫克/升	0.2209毫克/升
镉	5.25毫克/升	0.0374毫克/升
铅	75.38毫克/升	0.7538毫克/升
汞	4.68毫克/升	0.0143毫克/升
十二烷基硫酸钠	1171.72毫克/升	258.79毫克/升
亚硝酸盐氮	22.69毫克/升	1.52毫克/升
非离子氨	7.89毫克/升	2.62毫克/升
离子氨氮	219.5毫克/升	37.89毫克/升

① $48LC_{50}$即48小时半数致死浓度，是指在动物急性毒性试验中，48小时内使受试动物半数死亡的毒物浓度。

② SC即安全浓度，是指药物对动物不产生有害作用的含量值。

五、自我保护

小龙虾的游泳能力较差，在水体中只能进行挣扎性或逃遁性的短时间、短距离的游泳，常在水草丛中攀爬，抱住水体中的水草或悬浮物将身体侧卧在水面，一旦受惊或遭遇敌害，便快速倒退性逃遁或不逃遁摆开格斗架势，用其一双大螯与敌害决斗。若某物被其大螯夹住，它绝不会轻易放开，只有挠动其腹部或将其放置水中方才松开。

六、易逃逸

小龙虾具有较强的攀爬逃逸能力，特别是水质恶化和天气突变时更易逃逸，养殖时要注意防逃设施的安装。在田埂上设置防逃墙，防逃材料可选用塑料板、塑料膜或其他适宜材料。

七、蜕壳行为

小龙虾整个生命周期要经历多次蜕壳，幼体阶段一般2～4天蜕壳1次，幼体经3次蜕壳后进入幼虾阶段；在幼虾阶段，每5～8天蜕壳1次；在成虾阶段，一般每8～15天蜕壳1次。小龙虾一生从幼体阶段到商品虾需要蜕壳11～12次，脱壳1次其体长可增加15%、体重可增加40%。小龙虾的蜕壳与水温、营养及个体发育阶段密切相关，水温高、食物充足、发育阶段早，则蜕壳间隔短。

小龙虾蜕壳

小龙虾的蜕壳多发生在夜晚，且在浅水处进行（图2-3）。蜕壳后的新体壳于12～24小时后硬化。人工养殖条件下，有时白天也可见其蜕壳，但较为少见。小龙虾拥有再生附肢的能力，尤其幼虾的再生能力很强，但再生的附肢较小。

注意

小龙虾养殖水体应水质良好，有深有浅，田埂坡度尽量平缓。

图2-3　蜕壳虾

八、残杀性强

小龙虾的攻击性很强，尤其在争夺领地、抢占食物、竞争配偶时表现突出。当处于严重饥饿状态时，会以强凌弱、相互格斗、弱肉强食。有试验表明，在缺少食物时大虾一天可以吃掉20多只幼虾。但在食物充足时，又能和睦相处。在洞穴内一般不能容忍同类尤其是同一性别的小龙虾存在，若出现则会发生打斗现象，但有时也会见到同一洞穴内有两只雌虾。

注意

放养小龙虾时，最好放养同一规格苗，否则食物缺乏时易出现残杀现象。

九、逆水性强

小龙虾有很强的趋水流性，喜新水、活水，逆水上溯，且喜集群生活。常成群聚集在进水口周围（彩图3）。大雨天，小龙虾可逆水流爬上岸边短暂停留或逃逸，水中环境不适时也会爬上岸边栖息，因此养殖场地要有防逃的围栏设施。

十、争斗性差

小龙虾争斗能力弱，水中的乌鳢、黄颡鱼、黄鳝、泥鳅、鲤鱼、草鱼、鲫鱼等鱼类，龟鳖，蛙类，野鸭、鹭鸟、喜鹊等鸟类，猫、狗、蛇、鼠、鸡等陆生动物都是小龙虾的敌害。因此，养殖前一定要除野杂鱼，养殖用水也必须过滤以防野杂鱼进入稻田内。

第三节　小龙虾的食性

一、小龙虾的食物组成

小龙虾属杂食偏动物性，其食性在不同的发育阶段稍有差异。刚孵出的幼体以其自身卵黄为营养；Ⅱ期幼体能够摄食水中的藻类、腐殖质和有机碎屑等；Ⅲ期幼体能够摄取水中的小型浮游动物，如枝角类和桡足类等。幼虾已具有捕食水蚯蚓等底栖生物的能力。到成虾时食性更杂，能捕食甲壳类、软体动物、水生昆虫幼体和水生植物的根、茎、叶，以及水底淤泥表层的腐殖质及有机碎屑等，饥饿情况下也会自相残杀。

天然水体中小龙虾以水生植物、钉螺、蚊幼等为食居多。幼虾肠道内的食物组成主要是浮游植物和浮游动物，成虾对食物的选择性更广，

水域中所能得到的水生动植物、有机碎屑和人工饲料均可成为其维持生存的食物，而分布广、生物量大且最易摄取的水草是其主要食物。天然水域中淡水小龙虾的食物组成见表2-2。

表2-2　天然水域中淡水小龙虾的食物组成

食物名称	体长4~7厘米（n=51）		体长7厘米以上（n=45）	
	出现率（%）	占食物团比重（%）	出现率（%）	占食物团比重（%）
菹草	52.2	34.4	55.1	27
金鱼藻	45.3	15.5	46.1	17.1
光叶眼子菜	27	8.4	37.2	9.4
马来眼子菜	19.6	13.7	23.3	16.5
植物碎片	30.4	20.3	33.1	23.2
丝状藻类	40.1	5.7	43.4	4.1
硅藻类	55.3	<1	43.5	<1
昆虫及其幼虫	30.1	<1	33.1	<1
鱼蛙类	14.5	<1	15.2	<1

人工养殖环境中，种植3种以上水草为佳。菹草、轮叶黑藻、伊乐藻、苦草、金鱼藻、黄丝草和水花生等均可作为天然的优良青饲料，还能提供栖息、隐蔽和蜕壳场所。人工饲养的小龙虾对各种食物的摄食率见表2-3。

表2-3　人工饲养的小龙虾对各种食物的摄食率

名称		摄食率（%）
植物	菹草	3.2
	竹叶菜	2.6
	水花生	1.1
	苏丹草	0.7
动物	水蚯蚓	14.8
	鱼肉	4.9
饲料	鱼饲料	2.8
	豆饼	1.2

二、小龙虾的摄食行为

小龙虾善用第1对螯足捕获食物，撕碎后再送给第2、3对螯足抱

啃。猎取食物后会用螯足保护，以防被其他同类抢夺。在人工养殖中，可以根据其食性合理配比饲料品种及安排投喂时间。

小龙虾争斗性弱，没有捕食鱼苗、鱼种的能力，捕食活动的浮游动物、藻类及漂浮在水面的植物，仅仅能捕食鱼类的病残及死亡个体。

注意

小龙虾与鱼类混养虽然成虾不会受影响，但是小龙虾苗会被掠食，因此要想取得良好经济效益，除野杂鱼工作必不可少。

三、小龙虾摄食与水温的关系

小龙虾摄食的最适温度为25～30℃，水温低于15℃活动减弱；水温低于10℃或超过35℃时，其摄食量明显减少；水温在8℃以下时进入越冬期。在适温范围内，随水温的升高，摄食强度增强。

第四节　小龙虾的价值

一、小龙虾的营养价值

1）从蛋白质成分来看，小龙虾的蛋白质含量为18.9%，高于大多数的淡水和海水鱼虾，其氨基酸组成优于肉类，含有人体所需的8种必需氨基酸，不仅包括异亮氨酸、色氨酸、赖氨酸、苯丙氨酸、缬氨酸和苏氨酸，而且还含有脊椎动物体内含量很少的精氨酸，另外，小龙虾还含有对婴儿生长所必需的组氨酸。

2）小龙虾的脂肪含量仅为0.2%，不但比畜禽肉低得多，甚至比青虾、对虾还低许多，而且其脂肪大多是由人体所必需的不饱和脂肪酸组成，易被人体消化和吸收，并且具有防止胆固醇在体内蓄积的作用。

3）小龙虾和其他水产品一样，含有人体所必需的矿物成分，其中含量较多的有钙、钠、钾、镁、磷，还含有铁、硫、铜等。小龙虾中矿物质总量约为1.6%，其中钙、磷、钠及铁的含量都比一般畜禽肉高，也比对虾高。因此，经常食用小龙虾肉可保持神经、肌肉的兴奋性。

4）从维生素成分来看，小龙虾也是脂溶性维生素的重要来源之一，小龙虾富含维生素A、C、D，大大超过陆生动物的含量。

二、含肉率

小龙虾的含肉率春季最高（小虾21.1%，大虾15.5%），秋季最低

（小虾 12.8%，大虾 9.1%）。春季为小龙虾摄食生长期，营养积累迅速，增重很快，尤其是小虾；至夏季，性腺开始发育，营养物质向性细胞转化，肌肉含量相对降低；秋季为性成熟个体的繁殖期，此时，摄食量减少，体内积累的营养物质大量供给生殖细胞，因此含肉率最低；冬季已过孵化期，性产物已释，需要重新补充营养，为越冬期做准备，因此含肉率较秋季高。

三、青壳虾和红壳虾

小龙虾在生长过程中可依据其甲壳体色直观地分为青壳虾和红壳虾两个阶段（彩图 4），一般情况进入红虾阶段以后预示其生长发育趋于成熟，生长速度相对下降，蜕壳周期延长，有的则几乎停止生长。

同规格的青壳虾和红壳虾的生长速度（增重率、蜕壳率）差异显著，青壳虾的生长速度是红壳虾的 2 倍，这可能与两者蜕壳率、蜕壳周期的差异有关。青壳虾蜕壳率达到 85%，红壳虾只有 40%；青壳虾的蜕壳周期平均是 7 天，红壳虾是 16 天。在性成熟之前的青壳虾阶段是其主要的快速生长期（表 2-4）。

表 2-4　相同规格、不同体色小龙虾蜕壳生长情况

处　理	供试只数/只	体重/克	饲养时间/天	相对增重率（%）	蜕壳率（%）	平均蜕壳周期/天
青壳虾组	20	10 ±1.3	45	88 ±2.6	85 ±2.1	7
红壳虾组	20	10 ±1.8	45	53 ±1.9	40 ±1.4	16

从繁殖条件来看，相对的高温和光照条件会促进小龙虾的性腺发育。研究显示，红壳虾卵巢发育程度总体领先于同规格的青壳虾（表 2-5）。

表 2-5　相同规格、不同体色小龙虾性腺（卵巢）发育情况

处　理	规格	体重/克	性腺未发育比例（%）	卵巢分期出现频率（%）					
				Ⅰ期	Ⅱ期	Ⅲ期	Ⅳ期	Ⅴ期	Ⅵ期
青壳虾组	大规格	20 ±3.2	25	40	35	0	0	0	0
红壳虾组	大规格	20 ±2.4	0	10	25	30	20	15	0
青壳虾组	小规格	8 ±1.9	65	35	0	0	0	0	0
红壳虾组	小规格	8 ±1.2	30	55	15	0	0	0	0

第五节　小龙虾的繁殖习性

目前，小龙虾的人工繁殖技术仍然处于不断完善和发展中，养殖户可选择稻田中投放亲虾，实现自繁、自育、自养。

一、雌雄鉴别

1. 看体型

雄性个体大于雌性，颜色较深。当规格相近时，可通过观察大螯形状进行辨别，同龄虾雄螯大于雌螯；雄螯两端外侧有一明亮、红色软疣，交配季节有倒刺，秋冬季节消失（彩图5）。

2. 观察生殖器

雄虾第5对步足的基部为其生殖孔开口，而雌虾的生殖孔开口在第3对步足的基部。当小龙虾性成熟时，雌性小龙虾腹部宽大；雄性小龙虾的腹部相对狭小，第1和第2对附肢变形为管状交接器，呈浅红色，第3、4、5对附肢为白色。

二、性成熟年龄

小龙虾在自然环境中雄虾、雌虾性成熟年龄为8~9个月。在人工繁育条件下，养殖6个月小龙虾性腺即可发育成熟。

三、繁殖季节

在长江流域小龙虾为一年一次产卵型。5~9月为小龙虾交配季节，其中以6~8月为高峰期。由于小龙虾不是一交配后就产卵，而是交配后，要等相当长一段时间，大概7~30天的时间才产卵，因此9~10月为小龙虾产卵高峰期。

小龙虾交配

四、产卵

小龙虾每次产卵100~500粒，一般随个体长度增长而增多。全长10.0~11.9厘米的雌虾，平均抱卵量为237粒。采集到的最大产卵个体全长14.26厘米，产卵397粒，最小产卵个体全长6.4厘米，产卵32粒。人工养殖雌虾产卵量一般比天然水域抱卵雌虾产卵量要多。

繁殖力是指小龙虾产卵数量的多少，是绝对繁殖力，也有用相对繁殖力来表示的。相对繁殖力用卵粒数量同体重或体长的比值来表示：

相对繁殖力＝卵粒数量/体重

或　相对繁殖力＝卵粒数量/体长

只有处于Ⅲ期或Ⅳ期卵巢的卵粒才能作为计算繁殖力的有效数据。

五、孵化

孵化期与温度相关，水温7℃，孵化时间为150天；水温15℃，孵化时间为46天；水温20～22℃，孵化时间为20～25天；水温24～26℃，孵化时间为14～15天；水温24～28℃，孵化时间为12～15天。如果水温太低或其他环境条件不适合，受精卵的孵化可能需数月之久甚至不孵化，这就是我们在第二年的3～5月仍可见到抱卵虾的原因。

六、受精

亲虾交配后7～30天，雌虾才开始产卵。产卵时，雌虾的卵子从生殖孔中产出，与精子结合而使卵受精。受精卵黏附在雌虾的腹部，被形象地称为“抱卵”，此时雌虾的腹足不停摆动，以保证受精卵孵化所必需的氧气。受精卵呈圆形，随着胚胎发育不断变化（彩图6）。受精卵颜色随发育而逐渐变浅。没有受精的卵子，多在2～3天自行脱落。

提示

购买亲虾时间，不要晚于9月中旬，因为之后小龙虾受精卵处于快速发育阶段，抱卵虾不适宜环境改变和运输。

七、抱卵与孵化

在自然情况下，雄虾先打洞，释放激素引诱雌虾交配，雌虾产卵和受精卵孵化的过程基本是在洞穴中完成的。从第一年秋季孵出后，幼体的生长、发育和越冬过程都是附着在母体腹部，到第二年春季才离开母体生活，这也是保证其成活率的有效方法，成活率可达80%左右。

抱卵孵化的虾

八、幼体发育

刚孵出的小龙虾幼体长5～6毫米，悬挂在母体腹部附肢上（图2-4），靠卵黄素供给营养，几天后蜕皮发育成二期幼体，能摄食母体呼吸水流带来的微生物和浮游生物。当小龙虾蜕3次壳以后才离开母体营独立生活。在平均水温25℃时，小龙虾幼体发育约需14天。小龙虾的生活周期见图2-5。

图 2-4　小龙虾幼体

注意

在一期幼体和二期幼体时期，如果此时惊扰雌虾，造成雌虾和幼体分离较远，则幼体不能回到雌虾腹部，幼体将会死亡。

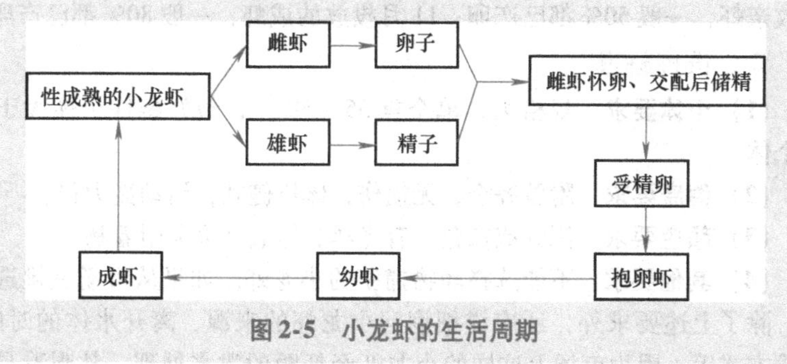

图 2-5　小龙虾的生活周期

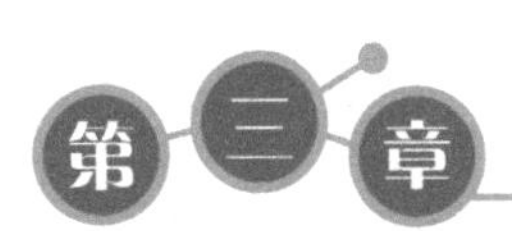

亲虾选择、运输、培育及繁殖

第一节 亲虾的选择

一、选择时间

挑选亲虾的时间一般在前一年的 6～8 月，直接从养殖小龙虾的良种场或天然水域捕捞。亲虾离水时间应尽量短，一般不要超过 2 小时，在室内或潮湿环境，时间可长一点。

亲虾投放最佳时间是 6～8 月，最迟不要超过 9 月底，应尽可能早。其原因在于：7 月投放亲虾加强培育，9 月初可出苗，虾苗在越冬前可生长 60～80 天；8 月投放亲虾，10 月初可出苗，虾苗越冬前可生长 40～50 天；9 月投放亲虾，11 月中旬出苗，虾苗越冬前只能生长 10 天；10 月投放亲虾，一般 50% 都已产卵；11 月投放的成虾，一般 80% 都已产卵。

二、选择标准

（1）个体要求 规格大，单个重 35～50 克，最好雄性个体大于雌性个体。

（2）健康要求 附肢齐全，无损伤，体格健壮，活动能力强。

（3）颜色要求 深红或褐色、有光泽、体表光滑无附着物。

（4）其他要求 不能选择药物捕获的小龙虾。如果从市场上挑选亲虾，除了上述要求外，还应详细询问小龙虾的来源、离开水体的时间、运输方式等。因为市场上这样的小龙虾经虾贩的泼水处理，外观看是活的，但鳃丝损伤较重，下水后极易死亡。挑选的亲虾见图 3-1 和彩图 7。

注意

不要挑选已经附卵甚至能见到部分小虾苗的亲虾，因为经过运输，卵或者小虾苗会因运输挤压脱离母体死亡，幸存的亲虾或虾苗也会在到达目的地后打洞消耗体力而无法顺利完成生长发育。

图 3-1　挑选的亲虾

亲虾选择

三、亲虾数量控制与种质改良

小龙虾雌亲虾个体大小和数量决定着受精卵总数，也决定最终的苗种产出数量，繁育数量以满足自身需要为标准。因此，小龙虾亲虾尤其是雌亲虾数量调查与控制十分重要。

1. 雌亲虾需要数量测算

可用下列经验公式测算雌亲虾需要数量：

$$S = Nm/prq$$

式中　S——雌亲虾需要数量；

N——计划总产量；

m——成虾平均规格（单位重量小龙虾只数）；

p——雌亲虾仔虾平均产出数量；

r——3 厘米大规格苗种成活率；

q——成虾养殖成活率。

根据试验和生产实践，35 ~ 45 克营养正常的雌虾孵出数量平均为 400 只；清塘彻底，规格在 3 厘米以上的苗种成活率为 50% ~ 60%，成虾养殖成活率为 80% 左右。这 3 个数值受日常管理因素影响较大，测算雌亲虾需要量时，养殖户应根据自己的管理技术和以往经验确定。

2. 雌亲虾数量控制

确定雌亲虾的数量后，需对成虾塘留存的雌亲虾进行详细调查，超出需求的雌亲虾要及时起捕，不足时要补放。

3. 种质改良

自繁自养的池塘或稻田超过 2 年的，应考虑种质退化问题。可在繁殖季节引进外源成熟亲虾，引进量与留存亲虾数量相当，引进地与养殖地距离应尽可能远；地貌尽可能差别大，如平原、丘陵等。引进的亲虾要经过性状选择，确保引进的小龙虾种质优良。引种时间最好在 9 月上旬之前。

第二节 亲虾的运输

一、检查小龙虾情况

在运输前先检查亲虾的质量（图 3-2），把体弱、受伤的与体壮、未受伤的分开，提高运输成活率。

图 3-2　检查小龙虾发育情况

提示

已经繁育的小龙虾的鉴别特征：体色黑红、深，腹部干瘪空壳。

二、提前做好计划

采取就近原则，根据天气条件、运输路线等来确定运输方法，不走弯路或者容易堵车的道路；尽量使运输时间在 2 小时内，在计划时间内运达，防止因车辆及道路交通情况等造成延误，延长运输时间，影响虾的成活率。最长运输时间不超过 8 小时。

三、注意相对温差和湿度

在运输小龙虾时，原水体温度、运输过程温度和目的地水体温度之间温差不宜过大，控制在3℃以内。

对环境湿度的控制也很重要，相对湿度为70%～95%可以防止小龙虾脱水，降低运输中的死亡率。运输时可以使用原池或田的水草均匀铺在容器内，间断性地在面上洒水以保持虾体表面湿润。

提示

不能在运输过程中让小龙虾直接与冰块或冰块融化水接触，容易造成虾死亡。

四、运输容器和运输方法

存放小龙虾的容器必须绝热，轻便，易于搬运，能经受住一定的压力。

1. 塑料筐运输

小龙虾的运输

塑料筐运输为我国小龙虾运输常用方法，也称“干运法”。此方法缺点为容易造成小龙虾损伤，导致蜕壳时死亡。可直接装筐，虾苗或亲虾一定要保持鳃的湿润。一般选择60厘米×40厘米×20厘米的塑料筐，底部铺上原塘（田）水草，筐内均匀放入虾5～10千克，再铺一层原塘（田）水草（彩图8）。一般距离短时可采用面包车运输，距离远时需用空调车，每隔1小时左右用喷头喷雾，保证运输车厢内相对湿度不变。距离特别近的，用三轮车也可以，需要加盖一些遮风的塑料篷布等，但不能封闭太紧，防止缺氧。运输途中防止风吹、暴晒和雨淋。

2. 泡沫箱运输

多用于虾苗带水运输，每箱装虾3～5千克，加水2～3厘米，注意温差。

注意

虾、水均不宜过多，水淹没虾身2/3即可。

3. 鱼苗袋充氧运输

适于小规格虾苗运输。当规格虾苗的螯不足以刺穿鱼苗袋时，采用

此法进行长途运输可获得高成活率。将3~5千克虾苗装入鱼苗袋，充足氧气即可。投放时注意调节温差。

4. 其他运输容器运输

采用网袋、虾袋、竹篓、蒲包、木桶等装运。

提示

虾苗成活率要以下水7天后活苗数量计算。

第三节 亲虾的培育及繁殖

一、培育池的准备

亲虾培育池一般采用土池，面积视养殖规模而定。养殖需求小的生产面积为20~100米^{2}均可；养殖需求大的生产面积可建500米^{2}以上，甚至可达2000米^{2}以上。配套建好防逃设施和进排水系统。亲虾池须水源充足，水质清新无污染，溶氧量高，特别是强化培育期间的水体溶氧量要求在5毫克/升以上。亲虾放养前15天，对池水水体进行生石灰、戊二醛、聚维酮碘或季铵盐类消毒剂泼洒消毒，消毒完毕后可放入有机肥、氨基酸肥水膏或发酵畜禽粪肥培肥水质，再注入过滤新水，移植入一定数量的沉水性及漂浮性水草来增加活动空间，沉水性植物可选择菹草、轮叶黑藻、伊乐藻、苦草、眼子菜、金鱼藻等，漂浮性水草可选择水葫芦等，用竹子或聚氯乙烯（polyvinylchlorid，PVC）管固定在一定区域，作为小龙虾攀爬、栖息和隐蔽场所，水草面积占比30%~40%。

二、亲虾来源

亲虾来源按照就近原则，可直接从附近养殖场购买或天然水域捕捞，6~8月居多，亲虾离水的时间应尽可能短，一般要求离水时间不超过2小时，若在室内或潮湿的环境下，可适当延长，但不超过8小时。外购时应选择检疫合格、无发病史的亲虾。

提示

亲虾来源越多越好，保持种质资源多样性，防止近亲繁殖，利于提高虾苗质量。

三、亲虾放养

亲虾投放

1. 放养时间

选择在晴天早晨；带水操作，动作要轻、快，避免受伤。

2. 放养密度

亲虾放养密度应适当，通常6～8月选留的亲虾每亩放养15～20千克。

> **提示**
>
> 小龙虾放养密度不宜过多，不超过5只/米^2。

投放前先将亲虾用抗应激药物如维生素C或应激灵等进行浸泡，再将亲虾带筐侧放在浅水水草区斜坡或田面上，让其自行爬入水中，注意多点投放。待亲虾下塘（田）3天稳定后再用聚维酮碘、复合碘等消毒剂泼洒消毒1次。

四、亲虾的饲养管理

1. 性腺发育检查

亲虾发育检查

为做到随时掌握亲虾抱卵的情况及发育程度，对小龙虾的性腺发育要进行随机检查。其方法：一是晚上巡塘观察活动的亲虾；二是由于小龙虾的抱卵孵化基本上在洞穴中进行，可通过人工挖开洞穴，提取样本进行检查；三是用地笼取虾检查。

2. 水质管理

亲虾放养后，要保持良好的水质，定时加注新水，定期更换部分池水，每次更换不超过30%，有条件的可设计成微流水养殖模式，保持水质清新。当发现水质败坏，且出现小龙虾上岸、攀爬甚至死亡等现象时，必须尽快采取措施，改善养殖水环境。具体方法：①先换部分老水，用二氧化氯0.3毫克/升对水体进行泼洒消毒后，加注新水；②第二天可以再用沸石粉，加水后按照20毫克/升的浓度泼洒，或者用有益生物菌泼洒，利用有益菌种形成优势菌群来抑制致病微生物的种群数量、生长、繁殖和危害程度，并分解水中有害物，增加溶氧量，改善水质（可施用光合细菌、硝化细菌、蛭弧菌、芽孢杆菌、双歧杆菌、酵母菌等）。

【窍门】>>>>

冲水刺激可促进性腺发育，利于培育亲虾。

3. 饲料与投喂

由于性腺发育的营养需求，亲虾在培育期间要加强饲料投喂，尤其是动物性饲料需求量大，这直接关系到怀卵量、产卵量和产苗量。一般每天投喂2次，傍晚1次，黎明1次，投饲量占存塘亲虾总量的4%~5%。饲料品种可直接投喂亲虾配方饲料；也可以投喂水草、玉米、麸皮、小麦等植物性饲料为主，适当搭配一些新鲜的螺蚬蚌肉、小杂鱼等。喂养方法是动物性饲料切碎，植物性饲料浸泡后沿池塘四周撒喂，有条件的养殖户可增加动物性饲料比例或按照饲料总重的0.02%添加维生素E，促进性腺发育。日投饲量可视摄食情况、天气状况、气温的高低灵活掌握，并及时调整。

4. 日常管理

每天坚持巡塘数次，检查摄食、水质、交配、产卵、防逃设施等，及时捞出剩余的饲料，修补破损的防逃设施，确定加水或换水时间、数量，确定调水产品施用时机，及时补充水草、蚌肉或螺蛳，对交配与产卵情况做详细了解，每天做好养殖生产记录等。

五、人工诱导措施

小龙虾的人工繁殖主要通过“控制光照、控制水温、控制水位、改善水质、加强投喂”来进行人工诱导繁殖。其中，控制水位、改善水质、加强投喂属于辅助措施，改善水质、加强投喂可为小龙虾性腺发育创造良好的水体环境和营养条件，进一步缩小小龙虾性腺发育存在的个体差异性，促进性腺同步发育；控制水位能辅助诱导。控制光照和控制水温是产卵关键因素。

1. 光照控制

9月上旬，根据水草的覆盖面积，增加水草、网片等隐蔽物至70%左右；加强水质培肥，调节育苗池透明度为20~25厘米；15~20天使用1次EM菌（effective microorganisms）等微生态制剂，调节水质，利用隐蔽物及降低水体透明度达到降低光照，诱导亲虾交配、产卵。

2. 水位刺激

9月上旬，逐步降低繁育池水位，每5~7天排水1次，每次降低水

位10厘米；9月底，将水位降低至60～80厘米，诱导亲虾入穴、交配、抱卵；保持此水位10天左右；10月中旬，一次性将水位加至1.2～1.5米，淹没池塘边大部分区域，诱导抱卵虾进入水中孵化、产苗。

【窍门】>>>>

根据经验，经常进行冲水刺激的稻田或池塘生产的虾苗更多。

六、亲虾越冬

当水温低于9℃时，3厘米左右的小龙虾在越冬期间死亡率很高，成虾虽能生存，但2～3个月后也会出现大量死亡。因此，做好亲虾的越冬工作，保证越冬期间的水温在16～18℃，也是整个繁殖工作的重要环节。

1. 越冬池选择

1）亲虾的越冬池要背风向阳，既有利于防止冬季寒风的直接吹拂而影响小龙虾，又有助于水温的自然提高。

2）面积大小适宜，2亩左右为宜，不要太小，也不宜太大。

3）池底要干净，淤泥厚度不宜超过10厘米。

4）池塘的蓄水能力要强，冬季池塘正常水深应保持在1.5米以上。

5）要有充足的隐蔽物，每亩池塘移植和投放一定数量的沉水性及漂浮性水草，以供越冬亲虾栖息用。

6）防逃系统完善，以防亲虾攀附逃逸。

2. 饲养管理

坚持投喂饲料，使亲虾恢复体质及利于幼苗生长。在天气晴好、气温回升时，中午时分要在开放式洞口附近适当投喂一定量的饲料，如开口粉料或发酵豆粕等，以供出洞活动的小龙虾摄食。饲料在水中的稳定性要好，不能轻易散失，以4小时不溶解为宜。同时，要投放充足的水草，并适度施肥，培育浮游生物，保证亲虾和孵出的幼虾有足够的食物，并保持水体透明度在30～40厘米。

【误区】>>>>

小龙虾冬天不喂料的观念是不正确的，要坚持投料，才能使虾苗生长迅速，第二年上市早。

3. 保证水温

虽然小龙虾对低温的抵抗能力较强，但当水温长期低于0℃时，亲虾在越冬期间死亡率会很高，有的虾虽能生存，但在2~3个月后也会出现大量死亡。可采取保温的方法来越冬，常用的方法有塑料薄膜覆盖水池保温法、电热器加温法、温泉水越冬法、工厂余热水越冬法等，达到亲虾安全越冬的效果。

4. 日常管理

坚持巡塘，观察亲虾的活动情况，寒冷天气要及时破冰，同时要做好各项记录工作，尤其是死亡情况，包括雌雄、个数、大小和重量等必须统计清楚，有利于以后喂养及苗种量的估算。当亲虾基本入洞后，沿池塘或稻田四周水边铺一层薄薄的植物秸秆，如稻草、芦苇、香蒲等，为越冬前产下的仔虾提供隐蔽、越冬的场所，也可起到保暖作用。做好“五防”工作：即防浮头死虾，保持水体高溶氧量；防水质污染；防池塘漏水；防野杂鱼、老鼠、水鸟等敌害；防治疾病，提高亲虾抗病力。

七、孵化与护幼

小龙虾的胚胎发育时间较长，在水温18~20℃时，需25~30天；在水温低（10℃以下）的环境中，小龙虾亲虾从交配、受精产卵至受精卵孵化出苗，需3~4个月之久。小龙虾亲虾在抱卵过程中要将自己隐藏起来，尾扇弯于腹下保护卵粒。遇到惊吓时，尾扇紧抱腹部迅速爬跑，偶尔也做短暂弹跳。在整个孵化过程中，小龙虾亲虾的游泳足会不停地摆动，以形成水流，保证受精卵孵化对溶氧量的需求，同时，小龙虾亲虾还会利用第2、3对步足及时剔除未受精的卵及已经发生了病变、坏死的受精卵，以保证正常受精卵孵化的顺利进行。刚孵出的仔虾的形态即与成虾相似，但是体色较浅，呈浅黄绿色，尾扇并没有打开，经过3次蜕壳方将尾扇打开。

提示

小龙虾受精卵若长期处于低温状态容易感染水霉病，当水体中溶氧量不足时，还易造成受精卵窒息而死亡。

小龙虾亲虾有护幼习性，仔虾在脱膜以后不会立即离开母体，仍然附着在母体的游泳足上，直到仔虾完全能独立生活才离开母体。刚离开母体的仔虾一般不会远离母体，在母体的周围活动，一旦受到惊吓，就

会立即重新附集到母体的游泳足上，以躲避危险。仔虾在母体周围会生活相当一段时间，才逐步离开母体营独立生活。

坚持每天巡塘，查看抱卵虾发育与孵化情况，一旦出现大量幼虾孵化，可用地笼捕捉已繁殖过的大虾，操作也要特别小心，避免对抱卵亲虾和刚孵出的仔虾造成影响。同时加强管理，适当降低水位 10～20 厘米，以提高水温，并做好幼虾投喂和捕捞大虾的工作。在捕捞时注意，小龙虾具有强烈的护幼行为，一旦认为不安全时，会迅速让幼虾躲藏在腹部附肢下，因此要待幼虾长到一定大小时，最好先取走亲虾，再捕捉幼虾。

八、及时取苗

稚虾孵化后在母体保护下完成幼虾阶段的生长发育。稚虾一离开母体，就可以主动摄食，独立生活。此时一定要适时培养轮虫等小型浮游动物供刚孵出的仔虾摄食，在出苗前 5～7 天，开始进行池水浮游生物培育，并用熟蛋黄、豆浆、发酵豆粕等及时补充仔、幼虾所需的食物。当发现大量稚虾出现时，应及时取苗，进行虾苗培育。

九、幼虾数量估算

对已经孵化出膜的小龙虾数量，应该进行认真估算，为制定有针对性的幼虾培育方案提供参考数据。具体方法：

1. 微光目视估算法

对水草较少的池塘，先在池塘近水岸放入 1 米^2 的木筐或饲料台，沉入水底淤泥上，然后正常投喂，于傍晚小龙虾活动频繁时，用手电筒查看木框或饲料台内的幼虾数量。将手电筒光线调弱，但可以看到幼虾，注意不能光线太强否则会影响小龙虾正常分布。为保证准确，可以利用木筐在池塘同一位置反复估测，也可以在不同地方放置多个同样大小的木筐或饲料台进行估测。

2. 切块捕捞估算法

水草茂盛的池塘，小龙虾幼虾立体分布，上述方法不能准确估算小龙虾幼虾数量；先在池塘中选择一块具有代表性的区域，快速插上网围，然后将网围内的水草捞出，清点水草中的幼虾数量，再用三角网反复抄捕网围内的幼虾，直到基本捕尽为止；将捕捞的幼虾数量与网围面积相比，就可以得到单位面积小龙虾幼虾数量。

第四章 小龙虾的苗种培育

通过亲虾繁殖而获得刚离开母体的幼虾，体长为0.9～1.2厘米，因个体小、体质弱，适应能力和抵御敌害能力弱，成活率仅为20%～30%。将幼虾培育到2.5～3.0厘米，再放入稻田中进行养殖，成活率可提高到80%以上。小龙虾苗种池可因地制宜，为便于管理面积不宜过大，可选用水泥池、土池或稻沟等。

第一节 水泥池培育

水泥池培育苗种是最简单、最常用的方法，具有操作面积较小、排灌方便、方便投喂、条件容易控制、捕捞简单等优点。利用水泥池培育小龙虾苗种包括以下几方面：

一、水泥池条件

1. 水源、水质

水源要充足，水质要清新无污染，符合国家颁布的渔业用水或无公害食品淡水水质标准，一般用河水、湖水。如果直接从河流和湖泊取水，要抽取河流和湖泊的中上层水，并在取水时用20～40目的筛网过滤，防止昆虫、小鱼虾及其卵等敌害生物进入池中。

2. 面积和水深

水泥池为长方形或圆形均可，池内壁要用水泥抹平，保持光滑，以免碰伤幼虾。面积为8～20米^2，池深1～1.2米，幼虾培育池水深开始为30～50厘米，随着幼虾的生长水深逐渐加深到60～100厘米。也可采用繁殖孵化后的水泥池直接进行培育，培育时，应将亲虾移走，水草留池继续使用。放幼虾前水泥池要用漂白粉消毒。为了方便出水和收集幼虾，池底要有1%左右的倾斜度，最低处设一出苗孔，池外侧设集苗池，

便于排水出苗。

3. 新建水泥池的处理

新建的水泥池碱性过重，对氧有强烈的吸收作用，可使水中溶氧量降低，pH 上升，形成过多的碳酸钙沉淀物，因此不可立即进水放苗，需脱碱处理后方可使用。脱碱具体做法有：①先将池内注满水，每隔 2 ~ 3 天换 1 次水，经过 5 ~ 6 次换水后，碱性即可消失；②按每立方米水体 1 克的比例加入硫代硫酸钠浸泡 15 天，去除水泥中的硅酸盐；③用 10% 的醋酸将水泥池表面洗刷 1 ~ 2 次，再注满水，浸泡 4 ~ 5 天即可；④按每立方米水体 1 千克的比例加入过磷酸钙浸泡 2 ~ 3 天，每天搅拌 1 次，再放掉旧水换上新水。脱碱后的水泥池要经虾苗试水成功后才能正式使用，可将 10 只左右的虾苗放入已注水的池中，24 小时后仍未见异常，则可正常使用。然后再用漂白粉消毒。

4. 水位控制和防逃设施

培育池要求内壁光滑，进、排水系统完备，池底有一定的倾斜度，并在排水口处设集虾槽和水位控制装置。水位控制装置可自行设计和安装，一般有内、外两种模式。设计在池内的可用内外两层套管，内套管的高度与所预计保持的水位高度一致，起稳定水位的作用。外套管高于内套管，底部有缺口，加水时让水质较差的底部水排出去，加进来的新鲜水不会被排走。设计在池外的，可将排水管竖起一定高度，水深保持在 60 ~ 80 厘米，上部进水，底部排水。

【窍门】>>>>

集虾槽设置可方便苗种收获。

5. 营造仿生态条件

水草对小龙虾的生长非常重要。幼虾在高密度饲养的情况下，易受到敌害生物及同类的攻击，因此，培育池中要移植和投放沉水性及漂浮性水生植物，为幼虾提供攀爬、栖息和蜕壳时的隐蔽场所，还可作为饲料，保证幼虾培育有较高的成活率。沉水性植物可用菹草、轮叶黑藻、伊乐藻、苦草、眼子菜、金鱼藻等，将这些沉水性植物成堆用重物沉于水底，每堆 1 ~ 2 千克，每 2 ~ 5 米^2 放一堆。水草面积占比 40% 左右。漂浮性植物可用水花生、水葫芦等。此外，池中还可设置

一些水平或垂直网片、竹筒、瓦片等物，增加幼虾栖息、蜕壳和隐蔽的场所。

二、虾苗投放

1. 投放时间

9～10 月，在苗种投放的过程中应注意放养前先进行试水，检查水体毒性是否消除。

提示

3～4 月不提倡大规模放苗。3～4 月放的苗会为了适应环境而用掉部分生长黄金时间，进入夏季因为水温高，也不能生长并且会进入性腺发育期，会去产卵繁育，秋季也就利用不上，因此规格、产量都不会理想。而且此时投放的虾苗很容易在 5 月遇上“五月魔咒（病毒病）”的危害，造成“全军覆没”，风险极大。

2. 放养规格和密度

虾苗选择

同池中虾苗规格保持一致，并选择晴天早晨或阴天投放。幼虾放养的密度与培育池条件密切相关。有增氧条件的水泥池，每平方米可放养刚离开母体的幼虾（体长 0.8 厘米）1000～1500 只。

虾苗投放

小龙虾苗种可采用双层尼龙袋充氧、带水运输。根据距离远近，每袋装幼虾 0.5 万～1 万只。虾苗下池前应做“缓苗”处理，有条件的可加入抗应激药物如维生素 C 或应激灵等进行浸泡，放苗时盛苗容器内的水温与池水温差小于 2℃，同一规格的虾苗进入同一虾池，多点投放。规格相差较大的虾苗要进行分养，以防大吃小的现象发生。待下池 3 天虾苗稳定后再用刺激性小的消毒剂（如聚维酮碘或复合碘等）进行泼洒消毒 1 次。

三、饲养管理

1. 水质管理

保持水温在适宜范围（22～28℃），遇到高温天气，可采用遮阳布适当降温。在培育期间，察看残食、污物及水质状况（如氨氮、亚硝酸盐等），要定期吸污换水，以保持良好的水质。保持水质良好，溶解氧

在5毫克/升以上。培养期间，定期排污、换水、增氧。苗种培育池最好有微流水条件，如果没有则白天换水1/4，晚上换水1/4，晚上开增氧机，整夜或间歇性增氧，防止虾苗浮头。

2. 饲料管理

小龙虾多昼伏夜出，在夜里活动觅食是它们的习性。日投饲量可根据天气、水质状况及虾活动觅食情况适当增减，傍晚投喂占60%，黎明投喂占40%。放养前3~5天培肥水质，为小龙虾提供足够的浮游生物饲料；第2周起以投喂小鱼虾、螺蚌肉、蚯蚓、蚕蛹等动物性饲料为主，适当搭配玉米、小麦等，将其搅拌成糊状饲料。目前有不同规格的小龙虾配合饲料，可根据生产实际来投喂相应饲料。

四、幼虾起捕

经25~30天培育，幼虾体长可达3~5厘米，即可起捕投放到稻田中进行养殖。收获方法主要有两种，一是拉网捕捞法，二是放水收虾法。

1. 拉网捕捞

面积大的水泥池可用一张柔软的丝质夏花鱼苗拉网，从水泥池浅水端向深水端慢慢走即可。面积小的水泥池直接用一张丝质网片，两人在培育池内用脚踩住网片底端，绷紧使网片一端贴底，另一端露出水面，形成一面网兜墙，两人紧靠池壁，从浅水端走向深水端进行捕捞。

2. 放水收虾

将水泥池中的水放至仅淹没集虾槽，然后用抄网在集虾槽收虾，或者用丝质柔软抄网在出水口接住收虾。

第二节　土池培育

一、土池条件

1. 水源

水源充足，水质清新，溶解氧充足，无污染，一般用河水、湖水或水库水等作为水源，水质符合国家颁布的渔业用水或无公害食品淡水水质标准。进水口用20~40目的筛网过滤，防止昆虫、小鱼虾及卵等敌害生物进入池中。

2. 大小与设施

长方形，东西向，土壤以黏土为好，面积以0.5~2亩为好，不宜过大。池埂宽2米以上，坡度1:(2~3)，水深0.8~1.5米，底板平略带

斜度，便于放水，淤泥不宜过多。出水口建2～4米^{2}的集虾坑，深50厘米左右，按照高灌低排的格局，建好进、排水渠，做到灌得进、排得出。小龙虾逃逸能力较强，必须建好防逃设施。通常用塑料薄膜、盐浸膜、网片、钙塑板或水泥板沿池埂四周架设，下入地面以下20厘米，上高于地面50～60厘米进行封闭，四角呈弧形，以免敌害生物进入和小龙虾逃逸。

3. 消毒培水

放苗前，土池需要彻底清塘晒塘、消毒、除敌害和培肥水质。清塘、消毒、除敌害可采用生石灰。培肥水质可用有机肥、发酵畜禽粪便或氨基酸肥水膏等。

4. 移植水草

移植水草在小龙虾养殖中至关重要。第一，水草可填补小龙虾饲料不足的情况，补充大量维生素；第二，水草可吸收水体中部分有害物，净化水质，平衡水体环境；第三，能为幼虾、蜕壳虾提供隐蔽、栖息场所，躲避敌害。一般水草种植面积占比为40%。品种可选菹草、轮叶黑藻、伊乐藻、苦草、水葫芦、睡莲等，沉性、浮性和挺水植物搭配。

二、虾苗投放

1. 投放时间

9～10月，晴天早晨。

2. 放养密度

根据水中饲料生物密度和种类来定，一般每亩放养规格为0.8～1.2厘米的幼虾15万～20万只。要求规格整齐、附肢齐全、无病无伤、一次放足。放养前先试水，检查水体毒性是否消除，投放时进行“缓苗”处理，用抗应激药物浸泡小龙虾，待下苗3天后用刺激性小的药物如聚维酮碘进行全池泼洒消毒。

3. 注意事项

放苗时盛苗容器内的水温与池水温差小于2℃，同一规格的虾苗进入同一虾池，规格相差较大的虾苗要进行分养，以防大吃小的现象发生。

三、饲养管理

1. 调节水质

小龙虾幼苗前期需要摄食浮游生物，因此要适时向土池内追施有机肥或泼洒肥水膏等，培肥水质为幼虾提供充足的天然饵料。

2. 科学投喂

饲养前期每天投喂3~4次，日投饲量可根据天气、水质状况及虾活动觅食情况适当增减，投饲量傍晚占60%、黎明占40%。放养后第1周以池中浮游生物为饵料，第2周起以投喂小鱼虾、螺蚌肉、蚯蚓、蚕蛹等动物性饲料为主，适当搭配玉米、小麦等，将其搅拌成糊状饲料。目前有不同规格的小龙虾配合饲料，可根据生产实际来投喂相应饲料。

3. 日常管理

每天坚持巡塘，观察小龙虾活动、摄食及生长情况。要注意水质变化和清除敌害，保持环境安静，检查防逃设施是否破损。

四、幼虾起捕

1. 起捕时间

幼虾生长速度快，经25~30天培育，幼虾体长可达3~5厘米，即可起捕投放到稻田中进行养殖。

2. 采集工具和方法

收获方法主要有两种，一是拉网捕捞法，二是放水收虾法。捕捞可用拉网捕捞，用一张柔软的丝质夏花鱼苗拉网，从浅水端向深水端慢慢拖曳；也可采用地笼捕捞，一般1~2小时就要把虾苗倒出来，以防密度过大而出现挤压、缺氧死亡。

第三节　稻田培育

一、稻田准备

1. 培育区建设

在稻田虾沟中用20目的网片围一个幼虾培育区，一般1亩培育区可为20亩稻田养殖提供虾苗。

2. 水位控制

水深30~50厘米，并保持相对稳定。

3. 水草移植

移植和投放沉水性及漂浮性水生植物，沉水性植物可用菹草、轮叶黑藻、伊乐藻苦草、眼子菜、金鱼藻等，漂浮性植物可用水花生和水葫芦等。水草面积占培育池面积的40%左右，漂浮植物用竹筐或PVC管固定。

4. 消毒培水

放苗前，虾沟需要消毒、除野杂和培肥水质。清塘、消毒、除野杂可采用生石灰化水泼洒法。培肥水质可用有机肥、发酵畜禽粪便或氨基酸肥水膏等。

二、虾苗投放

1. 投放时间

9～10月，晴天早晨。

2. 放养密度

根据稻田饵料生物密度和种类来定，一般每亩放养规格为0.8～1.2厘米的幼虾15万～20万只。放养前用5%食盐水浴洗5～10分钟，消灭寄生虫和致病菌。放养前先试水，检查水体毒性是否消除，投放时进行“缓苗”处理，用抗应激药物浸泡小龙虾，待下苗3天后用刺激性小的药物如聚维酮碘进行全池泼洒消毒。投放苗种要求规格整齐、附肢齐全、无病无伤、一次放足。

3. 注意事项

放苗时盛苗容器内的水温与稻田水温差小于2℃，一次放同一规格的虾苗，以防大吃小的现象发生。

三、饲养管理

1. 投饲

饲养前期每天投喂3～4次，日投饲量可根据天气、水质状况及虾活动觅食情况适当增减，傍晚投喂占60%，黎明投喂占40%。放养后第1周自行采食水中浮游生物，第2周起以投喂小鱼虾、螺蚌肉、蚯蚓、蚕蛹等动物性饲料为主，适当搭配玉米、小麦等，将其搅拌成糊状饲料。目前有不同规格的小龙虾开口配合饲料，可根据生产实际来投喂相应规格饲料。

2. 培水

小龙虾幼苗前期需要摄食浮游生物，因此要适时向培育区内追施有机肥或泼洒肥水膏等，培肥水质，为幼虾提供充足的天然饵料。

3. 日常管理

每天坚持巡田，观察小龙虾活动、摄食及生长情况等。要注意水质变化和清除敌害，保持环境安静，检查防逃设施是否破损。经过15～20天的培育，幼虾规格达到2.0厘米后即可撤掉围网，让幼虾自行进入稻

田，转入成虾稻田养殖。

第四节 小龙虾提早育苗技术

小龙虾适宜的生长水温为 17～31℃，也就是每年的春、秋季。秋季是主要的繁殖季节，因此，小龙虾成虾养殖的主要季节在春季。为了充分利用好春季，应尽可能在春季完成小龙虾养殖全年的生产任务，如果 3 月就有大规格苗种，为成虾养殖奠定较好的种苗基础，成虾上市早，价格高，经济效益就有保证；如果 3 月苗种规格仅达到 1 厘米，小龙虾的成虾上市晚，高温季节尚有大量虾未能达到上市规格，捕捞难度加大，病害也较多，最终的产量和效益不稳定。因此，尽早开展育苗工作，实现早春即有大规格苗种。下面介绍小龙虾提早育苗的技术要点。

一、常温下提早育苗技术

1. 亲虾投放要早

常温条件下，要实现小龙虾的提早育苗，关键在于提早获得抱卵虾，再依靠尚处于高位的自然温度，小龙虾的受精卵即可于秋季孵化成仔虾。因此，常温下，提早育苗的小龙虾亲虾应于 8 月中旬前投放；投放的亲虾体重要求在 35 克以上，体色暗红，附肢齐全，活动能力强，抽样解剖后的雌虾性腺呈褐色；亲虾放养数量同正常育苗。

2. 育苗池水位稳定

亲虾投放后，经过一段时间的环境适应会陆续打洞产卵，由于此时的温度一般在 24～28℃，亲虾仍会出洞觅食，良好的环境加上较高的水温，受精卵会在 10 天左右孵化出仔虾。为了满足小龙虾亲虾的生活需要，育苗池水位要保持稳定，既不能低于正常水位线引起抱卵虾提前穴居，也不能超过正常水位线，甚至淹没洞穴，使亲虾重新打洞，从而影响雌亲虾的正常产卵。

3. 精心培育幼虾

受精卵一般于 9 月上、中旬孵化出仔虾，此时的温度非常适宜小龙虾幼虾的快速生长，在捕捞产后亲虾的同时，立即开展幼虾的培育工作，确保于 10 月中上旬完成小龙虾苗种的标粗，使幼虾规格达到 2～3 厘米。

4. 提早分池养殖

当密度过大或饲料匮乏时，小龙虾具有自相残杀的习性，因此，育成的小龙虾幼虾应尽快分池养殖。一般是在幼虾规格达到可以用密眼地

笼起捕时分池养殖，也可用手抄网从漂浮植物丰富的根须下抄捕更小的小龙虾幼苗提早分养，后种方法使小龙虾苗种的产量更高，分养出来的小龙虾幼虾冬前达到的规格更大。

二、工厂化条件下提早育苗技术

8月，小龙虾成熟比例较小，因此，依靠常温进行小龙虾的提早繁育，不易实现规模化的目的。但依靠工厂化条件，可以克服自然温度的限制，实现小龙虾苗种工厂化提早繁育。工厂化条件是指将小龙虾苗种的繁育条件设施化，使得小龙虾苗种的生产计划性更强，单位产量更高；工厂化还包括繁育的温度、溶解氧等环境条件可以人为控制，使得小龙虾苗种生产可以根据成虾养殖生产的需要提早或推迟苗种产出时间，满足生产需要的苗种数量。因此，将小龙虾苗种繁育的各个环节进行设施化建设，使得繁育条件工厂化，可以作为提早育苗的一种途径。这些条件包括：一是根据小龙虾可以在水族箱、水泥池中正常产卵的试验结果，设计、建设小龙虾抱卵虾的专门产卵装置；二是根据小龙虾胚胎发育进程受温度控制的规律，设计、构建小龙虾受精卵的控温孵化装置；三是开展小虾幼虾强化培育的工厂化养殖条件的构建。具体内容主要包括以下几个方面：

1. 亲虾选择

亲虾是小龙虾苗种繁育的基础，亲虾成熟得早，产卵也快。因此，选择健康、成熟度好的小龙虾亲虾，确保具有充足的受精卵来源，是实现提早繁苗的基础。

2. 控制好环境条件，促进同步产卵

成熟度好的小龙虾亲虾在如前所述的专门产卵装置中，在水流、光照、温度等多个因子的人工诱导下，将相对同步地产卵。根据产卵比例，将抱卵虾分批集中，为受精卵的控温孵化做好准备。

3. 控温孵化

温度是影响孵化进程的关键因素，在适宜的范围内，适当提高孵化温度是实现提早育苗最直接的手段，但过高的温度也会造成胚胎发育畸形或死亡，尤其会导致抱卵虾的死亡，适宜孵化温度为22～24℃。

4. 强化培育，提高苗种规格

受精卵经10天左右的孵化，仔虾陆续出膜，经3～5天的暂养，仔虾将离开雌亲虾独立觅食。为迅速提高苗种规格，可以利用温度较高的

孵化池直接开展苗种培育工作，再经5~7天的强化培育，小龙虾蜕壳2~3次，规格达到2厘米左右后，将培育池水温逐步降低至室外水温，集中幼虾后放入室外苗种培育池，继续进行苗种培育；或计数后，按放养计划直接放入养殖稻田开展成虾养殖。

第五节 小龙虾延迟育苗技术

小龙虾养殖模式中有时需要苗种供应时间延后，也就是要求苗种提供时间比目前大量供应苗种的春季还晚，延迟到5月甚至是6月，以减少对与其共生的水生经济作物的影响，达到小龙虾生产和经济植物生产配套进行，获得更高经济效益。此外，小龙虾成虾多茬生产，也需要小龙虾苗种推迟应配套。简要介绍如下：

一、干涸延迟育苗技术

将小龙虾苗种繁育池的水排干，人为制造相对恶劣的生存环境，迫使小龙虾亲虾进洞栖息，等到需要小龙虾苗种时，再加水淹没洞穴，小龙虾抱卵虾在水的刺激下，带卵（或仔虾）出洞生活，受精卵迅速孵化成仔虾，已经孵化成的仔虾则很快离开雌亲虾独立觅食。

1. 亲虾投放

6~9月上旬，与普通方法相同。

2. 排水

为了迫使小龙虾亲虾进洞穴居，在亲虾放养后，应逐步排干池水，在干涸的池塘和寒冷的冬季，小龙虾无处栖息，只好打洞穴居，有些亲虾还用泥土封住洞口。池水完全排干时的气温不应低于10℃。

3. 保温管理

排干池水的池塘，小龙虾的洞穴完全暴露在空气中，如果洞穴不够深，小龙虾会因寒冷而冻死。因此，排干水的池塘，冬季必须重视小龙虾洞穴的保温，主要做法是洞穴集中区覆盖保温的植物秸秆，或将洞穴集中区压实。

4. 适时进水

穴居在洞中的小龙虾抱卵虾经过漫长的冬季，体力消耗极大，春天的受精卵已孵化成仔虾，必须适时进水，恢复正常的小龙虾生活环境。6月上旬是洞穴中小龙虾能承受的最晚时间。应根据生产安排，尽快进水。

二、低温延迟育苗技术

小龙虾受精卵的孵化进程受温度控制，要想延迟育苗，降低孵化温

度就可以实现延迟育苗，因此，要求繁育设施具有温度控制能力，这只有在工厂化育苗的条件下才能实现。在完成抱卵虾生产后，将抱卵虾集中放入低温水池长期暂养，根据生产需要，分期分批将抱卵虾从低温池中取出，逐步升温到正常孵化温度，有计划地孵化出仔虾，从而实现苗种的有计划生产和供应。需注意的事项如下：

1. 抱卵虾生产

集中抱卵虾，降低抱卵虾暂养水温是推迟育苗时间的前提，因此，抱卵虾必须是在非洞穴产卵装置中生产，这样才能实现抱卵虾的集中暂养。当然，生产的目的是为了推迟育苗，亲虾的产卵时间也要尽可能地推后。

2. 抱卵虾的低温暂养

一般靠自然温度繁殖小龙虾苗种的抱卵虾集中出现时间在9月下旬到10月上旬，此时产出的受精卵靠低温延迟其胚胎发育进程，直到第二年的5~6月，前后长达7~8个月，这对亲虾本身和低温暂养条件都是严峻的考验，因此，必须做好以下几点。

（1）严格消毒　亲虾交配、产卵，抱卵虾的收集操作，必然引起亲虾或多或少地受伤。推迟育苗又必须将抱卵虾长期暂养。因此，为防止亲虾伤口溃烂，也为孵化暂养环境不被外源致病菌感染，抱卵虾进入暂养池前，必须进行严格的消毒，消毒的药物可以采用低刺激性的聚维酮碘等高效杀菌防霉制剂。

（2）严控温度　根据低温暂养抱卵虾延迟育苗的经验，小龙虾抱卵虾的低温暂养水温为4℃，这和产卵池的12℃最低水温相差较大，急速降温，将会对胚胎发育产生极为不利的影响。因此，抱卵虾放养时，必须做好降温处理，降温梯度为每24小时降低1℃为宜；暂养期间，严格保持水温恒定，绝不可以或高或低。

（3）精心管理　低温暂养延迟胚胎发育，小龙虾亲虾不活动，不进食，完全处于休眠状态，人为创造的暂养环境也必须营造休眠环境。因此，在此期间，要专人负责，严控温度的同时，要严格控制光线，尽量减少因日常管理对亲虾的惊扰，保持环境安静。

3. 受精卵的继续孵化

根据生产需要，分批将抱卵虾从低温暂养池中保温转入孵化车间，逐步升温至需要的孵化温度。此关键点在于升温速度的控制。由于小龙虾胚胎在长期低温条件下，发育缓慢，升温过快会造成胚胎发育异常，

因此升温过程必须缓慢，一般升温梯度为1天1℃。当温度升到需要温度后的孵化管理，和正常受精卵管理相同。

第六节　提高小龙虾苗种投放成活率的措施

一、影响因素

通过生产实践发现，小龙虾苗种投放的成活率与其下塘时的个体大小、操作技术和运输方式有密切关系。

体长1.5~3厘米的虾苗，若采用氧气袋运输，则成活率很高，可以达到90%以上。

体长3~5厘米的虾苗，只能采取干法运输，但如果捕捞操作不当、虾苗装的太多、运输时间过长、水体温差过大等都会引起虾苗大量死亡。

二、提高成活率的措施

1. 改善捕捞操作方法

人工繁育的虾苗，在捕捞时要用质地柔软的网具从高处往低处慢慢拖曳，如果是采取放水集苗的方法，则要在接苗处设置网箱并且控制水的流速；如果采取地笼捕捞，则要每1~2小时就把虾苗及时倒出来，以防密度过大，造成虾苗窒息、挤压死亡。

2. 选择恰当的容器和适当的运输方式

体长为1.5~3厘米的虾苗尽量采取氧气袋运输；3~5厘米的虾苗则采用干法运输，运输时可用泡沫箱或塑料筐装运，但要尽量少装，运输时间要尽量短，虾源就近，一般2小时内存活率可达90%以上。

3. 规范虾苗投放操作技术

在投放虾苗时，要将容器浸入投放池水中再提起，然后再放入，如此反复2~3次，以调节温差。投放时要多点投放，均匀分散投放在有水草的浅水地方。

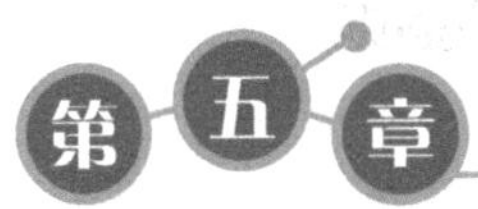

第五章 小龙虾稻田养殖技术

稻田养殖小龙虾面积和产量占比大，以湖北为例，2017 年湖北省新增稻虾综合种养面积 64.14 万亩，稻虾综合种养面积为 416.82 万亩，生产小龙虾 51.698 万吨，占全省小龙虾总产量的 81.18%。稻田养殖小龙虾模式丰富多样，有稻虾连作（一稻一虾，稻虾轮作）、稻虾共作（一稻两虾，稻虾一体，强调人为作用）和稻虾共生（一稻两虾，稻虾一体，强调自然状态）常见模式。

第一节 稻虾连作

一、稻虾连作的概念

稻虾连作（一般为小龙虾与中稻轮作）是指在稻田里种一季水稻后，接着养一季小龙虾的一种种养模式。具体而言，就是每年的 8 ~9 月水稻收割前投放亲虾，或 9 ~ 10 月水稻收割后投放幼虾，第二年的 4 月中旬至 5 月下旬收获成虾，5 月底、6 月初整田、插秧，如此循环轮替的过程。此模式一般亩产小龙虾 100 千克，水稻 500 千克，亩均产值 4500 元左右。

二、稻虾连作的流程图（图 5-1）

水稻栽培

或亲虾投放（8~9月）

稻谷收获

或虾苗投放（9~10月）

成虾上市

整田、插秧

图 5-1 稻虾连作技术方案流程图

三、科学选址

良好的稻田条件是获得高产、优质、高效的关键之一。稻田是小龙

虾栖息生活的场所，也是生长、繁殖的环境，许多增产措施都通过稻田水环境进行调节，因此稻田环境条件与小龙虾的生存、生长和发育有着密切的关系。良好的环境不仅直接关系到产量和经济效益，同时对长久的发展具有深远影响。在选择地址上重点考虑稻田位置、面积、地势、土质、水源、交通、电源等方面。在可能的条件下，应采取措施改造稻田，创造适宜的环境以提高小龙虾的产量和效益。具体如下：

稻田选址

1. 水源、水质

养虾稻田要求水源充足，排灌方便，水质清新，生态环境良好，周围无任何污染源；同时要求取水方便，水量能满足养殖需求，达到久旱不涸、久雨不涝。水质与环境各项指标经检测符合水产健康养殖要求，小龙虾对重金属、某些农药如敌百虫、菊酯类杀虫剂非常敏感，应加以注意。田内水体溶氧量24小时不低于4毫克/升，pH为7～8.5。

水源、水质

2. 土质与规模

稻田土质要肥沃，保水能力强，底质没有改造过。黏性土壤为最佳，矿质土壤和沙土容易渗水、漏水不适宜养虾。面积原则上不限，但如果太小则不利于形成规模效应，西南部四川、重庆地区5亩以上为宜，长江流域和黄河灌区及东北平原等具有良好平整土地资源的最好以20～50亩为一个养殖单元，便于人工管理。对于规模较大，产量、效益要求较高的基地，还要考虑交通便利，电力供应有保证，最好集中连片，便于水产品销售、品牌创建和形成产业化。一个单元的稻田田面落差不宜过大（落差小于30厘米），否则影响水稻栽培，需进行土地平整处理。

总体来说，养虾稻田可选择交通便利，水源充足、水质良好，排灌方便、不涝不旱；保水、保肥性能好；平整向阳、有一定规模，适宜稻作生长的田块。选择的稻田通过改造，创造适宜的环境条件利于水稻和小龙虾生长，同时便于生产管理和上市销售。

四、田间工程

田间工程改造要因地制宜，以机械挖方为主，人工修整为辅，主要是开挖环沟，安放进排水管，修建鱼道涵洞，在改造过程中，田埂要夯实不漏水，田间工程施工不应破坏稻田的耕作层，环沟面积占整块稻田面积不超过10%。

稻田环沟

1. 开挖环沟

环沟是稻田中增加有效水体和养殖小龙虾活动空间的重要设施。以一个单元20亩为例，紧挨田埂在田内挖一条宽1.5～2米环沟，环沟占整块田面积的10%左右，主要分两部分，其中紧挨田埂40～50厘米要与田面保持同一平面，作为土埂护坡区；环沟深度为1.2～1.5米，环沟底部宽度1米以上，环沟截面为梯形，上宽下窄，斜坡比1:0.75，作为养殖区。边坡适度并夯实，所挖泥土用于加高加固四周田埂，预计加高50～60厘米，田埂要保证不裂、不漏、不垮塌，进水口到出水口方向落差比为3‰，以利于田水排出。环沟拐角处呈圆弧形（图5-2和彩图9），开挖时要预留机械进田的通道（俗称农机通道）。

图5-2 稻田环沟

2. 加高、加固田埂

开挖环沟所挖出的土主要用于加高、加固田埂，目的是提高和保持稻田水位，有利于提高稻田养殖产量，并防止大雨、洪水冲塌。养虾稻田田埂通常应加高到1.5～2米，埂顶宽3米左右，加固时每层土都要夯实，做到不裂、不漏，满水时不崩塌，确保田埂的保水性能要好。有条件的可以在田面平台上四边筑一备埂，埂高10～20厘米、宽10～15厘米，每边根据长度设置2处或3处缺口，便于处理秸秆还田时产生的黑水，也利于插秧时稻田维持一定的水位及施肥用药时虾群隔离。设置备埂的稻田能产出更多的虾苗，但虾长不大。

【窍门】>>>>

养大虾的稻田环境

深水才能养大虾，浅水只能养小虾。养殖水体有深有浅，才能满足小龙虾的生长需求。高温季节水深1～1.5米，坡度大于1:1。

3. 农机通道

农机通道

为方便水稻直播栽插和机械收割，可设1～2处作为农机通道，位置以操作方便为宜。环沟预留30厘米深的原生土层不挖，埋1～3根水泥加筋混凝土管（直径≥0.6米，一般为0.6米或0.9米），再用开挖环沟所起的素土回填。农机通道可保证环沟水体相通，如图5-3所示。

图5-3　农机通道

五、配套设施

养虾稻田的基础设施主要有两个方面作用：一是保证小龙虾有栖息活动、觅食成长的水域；二是有防止小龙虾逃跑的防逃设备。具体设施如下：

1. 防逃设施

防逃设施

为了防止稻田中小龙虾的逃逸，必须在田埂上建设防逃设施（图5-4）。防逃设施常用的有两种，一种是采用砂纸、盐浸膜、铁皮板等材料，下部埋入土中20厘米以上，上部高出田埂50～60厘米，每隔1～1.5米用木桩或竹竿支撑固定，拐角呈弧形无死角；第二种是采用麻布网片或尼龙网片或有机纱窗和硬质塑料薄膜共同防逃，在易涝的低洼稻田主要以这种方式防逃。方法是选取长度为1.5～1.8米的木桩或毛竹，削掉毛刺，一端削成锥形或锯成斜口，沿田埂将桩与桩之间呈直线排列，田块拐角处呈圆弧形，内壁无凸出物。然后用高1.2～1.5米的密网牢固在桩上，围在稻田四周，在网上内面距顶端10厘米处缝上一条宽25～30厘米的硬质塑料薄膜即可。防逃膜不应有褶，接头处光滑且不留缝隙。

图 5-4　小龙虾稻田养殖防逃设施

2. 进、排水系统

进水口密网

进、排水渠道一般利用稻田四周的沟渠建设而成，尽量做到自流，减少动力取水或排水，降低养殖成本，也可规划新建，独立进、排水，以避免串联发生交叉污染。进、排水口均采用三型聚丙烯管（polypropylene random，简称 PPR 管），排水管呈“L”型，一头埋于田块底部，另一头可取下，利用田内水压调节水位。进、排水设施均需做好防逃，可用聚乙烯网或铁丝网套住管口，网眼规格以小于田内最小虾苗规格为佳，以不逃虾、不阻水为原则。建好的进、排水渠，要定期进行整修，以保证水灌得进，排得出（图 5-5）。

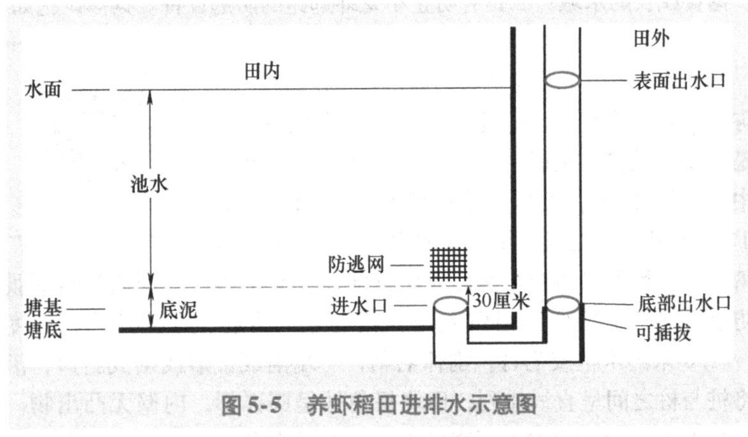

图 5-5　养虾稻田进排水示意图

3. 饲料台

生产中，为了确保饲料定点投喂观察小龙虾摄食状态、避免饲料的

第五章

浪费和方便收集残饵等，每一田块需搭建 1 ~ 2 个饲料台。用直径 5 厘米的 PVC 管或塑料管作边 80 目细网缝制饲料台，固定于环沟边台或田面上（彩图 10）。

4. 安全警示标识

养殖小龙虾稻田环沟一般深度达 1.5 ~ 2 米，须在稻田边特别是沿道路边设置多个"水深注意安全""禁止私自下沟游泳"等内容的安全提示牌。

5. 其他配套设施

稻虾养殖还必须配备抽水机、泵作为备用水源，准备养殖用地笼、虾筐、工具等，建造看管用房等生产、生活配套设施。

六、水草栽培

详见第六章。

七、水稻栽培

详见第七章。

八、小龙虾放养

1. 投放时间

稻田养虾要一次放足虾种，捕大留小。投放亲虾的时间一般是 6 ~ 8 月，不晚于 9 月中旬，具体是水稻收割前；投放虾苗一般在 9 ~ 10 月。苗种投放尽量早，早放早收获，避开上市高峰，经济效益更为可观。下面分别介绍亲虾养殖模式和虾苗养殖模式。

2. 投放模式

（1）投放亲虾养殖模式　据生产实际情况对比，投放亲虾时间在 6 月上旬至 8 月中旬所收获的虾产量最高。究其原因一方面水温较高，稻田内饵料生物丰富，利于亲虾繁殖和生长；另一方面亲虾刚完成交配，没有抱卵，投放到稻田后刚好可以繁殖出大量的小虾。亲虾最好采用地笼捕捞的虾，9 月下旬以后水温开始降低，小龙虾运动量下降，地笼捕捞效果不好，亲虾数量难以保证，因此购买亲虾时间宜早为好，不能到 11 月还在投放亲虾。

提示

不能投放已经繁殖的亲虾，这类虾不但不会产卵繁殖还因为寿命达到极限，短时间内可能会死亡，造成一定的经济损失。鉴别方法是腹部干瘪空壳。

1）投放密度：根据稻田养殖的实际情况，新建稻田一般每亩放养个体在35克/只以上的小龙虾15～25千克，已养的稻田补放5～10千克。

2）亲虾选择：选择颜色暗红或深红、有光泽、体表光滑无附着物，个体大（雌雄个体重都要在35克以上），附肢齐全、体格健壮、活动能力强的小龙虾作为亲虾。

亲虾选择

3）亲虾消毒：亲虾消毒方法可灵活掌握。在运输车到达池边后，在消毒容器中加入浸浴药物如高锰酸钾、聚维酮碘或食盐溶液等，按要求时间浸浴。消毒注意事项：①不论用哪种渔药都要随配随用；②用药量要准确，不要随意加大药液浓度或延长浸洗时间；③要用木制或塑料桶盆，不宜用金属容器配制药液；④选择配药水要求水质清新、无毒无害、含有机物质少，溶氧量高；⑤消毒时必须要有人守护，并注意观察，发现虾有异常情况，要立即下田，以免死虾；⑥配制的药液可循环使用3～5次，药液用后不要倒入田中。

运输时间控制在2小时，越短越好。亲虾投放时选择稻田草多茂盛的地方，分点投放，把虾筐放下，让亲虾自行爬出虾筐。亲虾投放要细致、快速、不伤虾。

（2）投放虾苗养殖模式 9～10月投放人工繁殖的虾苗，先用木桩在稻田中营造若干深10～20厘米的人工洞穴并立即灌水，每亩投放量为20～30千克。小龙虾在放养时，要注意幼虾的质量，同一田块放养规格要尽可能整齐，一次放足。选择颜色纯正，有光泽、体色深浅一致的虾苗，虾苗来源按照就近原则。投放的虾苗及投放方法见图5-6。

亲虾投放

图5-6　虾苗投放

投放面积按稻田环沟面积计算，而非整个稻田面积。

虾苗抗应激处理：在运输车到达田边后，在塑料或木制容器中加入抗应激药物如应激灵或维生素 C 等，进行虾苗浸泡，能提高虾苗成活率。

虾苗投放时，选择稻田斜坡或田面上水草多、茂盛的地方，分点投放，把虾筐侧放，让虾苗自行爬出虾筐。虾苗投放要细致、快速、不伤虾。

虾田消毒：虾苗下田 3 天稳定后，进行全田消毒处理，可采用聚维酮碘、复合碘等刺激性小的消毒药。

九、饲养管理

1. 日常管理

坚持每天巡查，观察小龙虾摄食情况、活动，及时发现问题并处理，同时检查田埂、进排水设施、防逃设施等。主要检查进、排水口筛网是否牢固，防逃设施是否损坏。汛期防止洪水漫田，导致小龙虾逃跑。巡田时还要检查田埂是否有漏洞，防止漏水和逃虾。稻田的肉食性鱼类（如乌鳢、黄鳝、鲶鱼等）、老鼠、水蛇、蛙类、各种鸟类及水禽等均能捕食小龙虾，为防止这些敌害动物进入稻田，要求采取措施加以防备，如对肉食性鱼类，可在进行过程中用密网拦滤，将其拒于稻田之外；对鼠类应在稻田埂上多设些鼠夹、鼠笼加以捕猎或投放鼠药加以毒杀；对于蛙类的有效办法是在夜间加以捕捉；对于鸟类、水禽等保护动物，主要办法是进行驱赶。

2. 饲喂管理

使用全价颗粒料作为小龙虾的主要饲料，配合饲料应符合《无公害食品 渔用配合饲料安全限量》（NY 5072—2002）的规定。日投饲量为虾体重的 3%～5%。阴天和气压低的天气应减少投喂。每次投喂的饲料量，以 2 小时吃完为宜。超过 2 小时饲料剩余较多应减少投饲量。水温高于 30℃、低于 10℃时不投喂。投喂的前 7 天以驯食为主要目的，可在每天 18：00～19：00 和凌

人工投料

第五章

晨5：00~6：00，每天分2次，沿环沟浅水和平台线状或点状投喂，从饲料台观察小龙虾的吃食情况，如果每次投喂的饲料在2小时内吃完，表明投饲量适宜。驯食成功后计算出每天的投料总量，并将每天总投量的60%放在傍晚投喂，其余40%放在黎明投喂，做到“四定”原则。

3. 水的管理

水位调节，是稻田养虾过程中的重要一环，应以水稻为主，兼顾小龙虾的生长要求，按照“浅→深→浅→深”的办法做好水位管理。在小龙虾放养初期，田水宜浅，可保持在10厘米左右，随着小龙虾的不断生长和水稻的抽穗、扬花、灌浆，两者均需要大量的水，可将田水逐渐加深到20厘米；在水稻有效分蘖期采取浅灌，保证水稻的正常生长；在水稻无效分蘖期，水位可调节至30厘米，既可促进水稻的增产，又可增加小龙虾的活动空间；水稻晒田时不可将水排干，使虾沟内的水位保持在低于大田表面15厘米即可，确保大田中间不陷脚，田边表土不裂缝和发白，以水稻浮根泛白为适度。晒田结束后，立即恢复原水位。水温不要超过35℃，如水温高时需要注水调节，尽量将水温保持在20~30℃之间，利于小龙虾的生长。秋季稻谷收割后可排水太阳暴晒，再旋耕田面1~2次，进行水草栽种，上水培肥水质，冬季田面水位维持30~50厘米保证越冬。晴天有太阳时，水可浅些，让太阳晒水以便水温尽快回升；阴雨天或寒冷天气，水应深些，以免水温下降。在高温季节，一般每周换水一次，每次换去田中水量的20%左右，但要注意调节水温。

4. 蜕壳虾管理

小龙虾每次蜕壳前，适当增加动物性饲料并拌喂补钙制剂，为其顺利蜕壳提供蛋白质和钙。发现小龙虾蜕壳时，一要尽量保持安静，避免受到人为等因素的干扰，导致小龙虾蜕壳不遂，甚至直接造成死亡；二要加强蜕壳期间水质管理，保持水质清新和水位稳定，有条件的养殖户，可以循环加水，形成循环水，也可以定期冲水，以刺激小龙虾蜕壳；三要尽量减少刺激，处在蜕壳期的小龙虾，对外界抗应激能力降低，如果在此期间使用刺激性强的药物，会影响小龙虾蜕壳，还会造成部分小龙虾死亡。蜕壳后及时添加优质适口饲料，严防因饲料不足引起相互残杀。

5. 水草管理

科学操控水草密度，保持合适的面积和密度，及时割除多余水草。如果水草长势不好，应及时泼洒速效肥料，但肥料浓度不宜过大，以免造成肥害。

6. 水稻管理

（1）水位调控　稻田水位应根据生产需要适时调节。在水稻生长期间，田面以上实际水位应保持在10～15厘米。适时加入新水，一般每半个月加水1次，夏天高温季度应适当加深水位，水稻灌浆时需晒田。

（2）施肥管理　稻田养殖小龙虾后，因施足基肥和小龙虾新陈代谢物、残余饲料可作为肥效，水稻生长一般不缺肥；如确需施肥，应施有机肥并控制施用量，不能将肥料直接撒入环沟内。

（3）药物管理　稻田养殖小龙虾后，水稻病虫害大为减少，结合杀虫灯、性诱剂等能取得很好的防治效果和环保效果。稻田养虾的用药原则是能不用药时坚决不用、需要用药时则选用高效低毒的无公害农药和生物制剂。小龙虾对许多农药都很敏感，水稻施用药物，应避免使用含菊酯类和有机磷类的杀虫剂，以免对小龙虾造成危害。施农药时注意严格把握农药安全使用浓度，确保虾的安全，并要求喷药于水稻叶面，尽量不喷入水中。最好分区用药，将稻田分成若干个小区，每天只对其中一个小区用药。一般将稻田分成2个小区，交替轮换用药，在对稻田的一个小区用药时，小龙虾可自行进入另一个小区，避免受到伤害。喷雾水剂宜在下午进行，因为稻叶下午干燥，大部分药液会吸附在水稻上。

施用消毒药

十、虾病防治

详见第九章。

十一、收获上市

稻田饲养小龙虾，只要一次放足虾种，经过1～2个月的饲养，就有一部分小龙虾能够达到商品规格。定期捕捞、捕大留小是降低成本、增加产量的一项重要措施。将达到商品规格的小龙虾捕捞上市出售，未达到规格的继续留在稻田内养殖，降低稻田小龙虾的密度，促进小规格虾快速生长。

小龙虾起捕

小龙虾捕捞采用虾笼、地笼网起捕的效果较好。下午将虾笼和地笼放置在稻田虾沟和田面，第二天清晨起笼取虾，最后在整田插秧前排干田水，将虾全部捕获（彩图11）。

补种：一般每次地笼取虾每5千克需补充0.5～1千克小龙虾苗种。

第二节 稻虾共作

一、稻虾共作的概念

稻虾共作模式是在“稻虾连作”的基础上发展而来的，“稻虾共作”变过去“一稻一虾”为“一稻两虾”，延长了小龙虾在稻田的生长期，实现了一季双收，在很大程度上提高了养殖产量和效益。此外，“稻虾共作”模式还有很大的延伸发展空间，如“稻虾鳖”“稻虾蟹”和“稻虾鳅”等养殖模式。这些模式不仅提高了稻田的复种指数，增加了单位面积土地的产出，而且拓宽了农民增收渠道，激发了农民种粮积极性。

稻虾共作是属于一种种养结合的养殖模式，即在稻田中养殖小龙虾并种植一季中稻，在水稻种植期间小龙虾与水稻在稻田中同生共长。具体地说，就是每年的 8 ~9 月中稻收割前投放亲虾，或 10 ~ 11 月中稻收割后投放幼虾，第二年 4 月上旬 ~5 月下旬收获成虾，6 月上旬整田插秧，种植中稻的同时培育亲虾，10 月至下一年 3 月繁育小龙虾苗种，循环轮替。此模式一般亩产小龙虾 150 千克，水稻 500 千克，亩均产值 5500 元左右。

二、稻虾共作的流程图

稻虾共作技术方案流程图见图 5-7。

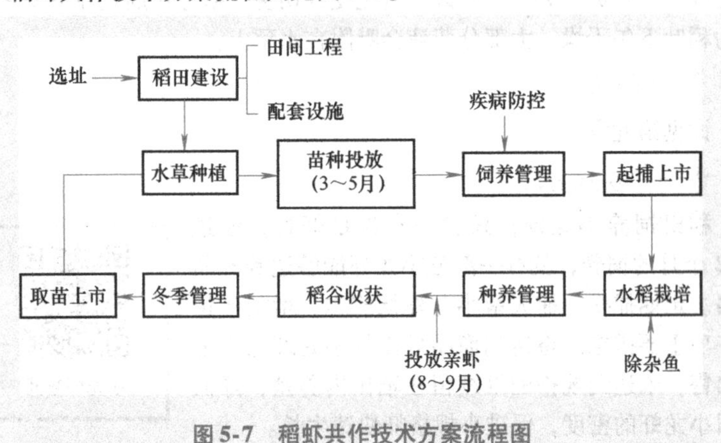

图 5-7　稻虾共作技术方案流程图

三、科学选址

稻田是小龙虾栖息、生长的场所，稻田环境的优劣和小龙虾的生存、

第五章

生长关系密切，良好的生产条件是获得稻田养殖小龙虾高产、优质、高效的关键点之一。在养殖小龙虾的稻田选择上，既要考虑远离污染源、生态环境良好，又要考虑交通便利、方便生产管理，即要考虑稻田的位置、地势、土质、水源、交通、周围环境等多方面，开展生产前需要事先勘察、详细计划。

1. 自然条件

养殖小龙虾的稻田要获得水稻、小龙虾双丰收，必须要做到水源充足、溶解氧充分、光照充足、水温适宜、天然饵料丰富。在规划设计养殖区时，要充分勘察、规划稻田区的地形、水利等条件，有条件的地方可考虑充分利用地势自然进排水，以节约动力提水的电力成本，同时还需考虑洪涝等自然灾害，对连片稻田的进排水渠道做到进排方便。

2. 水源条件

小龙虾适应能力较强，既能在水中自由游泳，又能在岸上短时间爬行，但长时间小龙虾和水稻生长都是离不开水的，稻田养殖小龙虾必须保证充足的水源供应。江、河、湖、库、地下水等均可作为稻田养殖小龙虾水源，可以将养殖小龙虾的稻田选择在有不断流的灌溉渠、小河、小溪旁，或在稻田边人工挖掘机井，抽水补充。供水量一般要求在10天左右能够把稻田注满且能循环用水一遍。

水源、水质良好，交通方便

不管是地面水源还是地下水源，要确保水源水质清新、良好，符合淡水养殖用水水质标准，水质pH7～8.5为宜；确保水源无污染，供水量充足，满足水稻生长、小龙虾养殖用水；农田水利工程设施配套，进、排水方便，确保旱季水少时不断流、雨季水多时不漫田。

3. 土质条件

稻田土壤的土质对水体、水质影响很大，要充分调查了解当地稻田的土壤、土质情况。良好的土壤保水、保肥能力，有利于浮游生物的培育和增殖，能减少生产成本和提高养殖效益。养殖小龙虾的稻田要土质肥沃，以高度熟化、弱碱性的壤土最好，黏土次之，沙土最劣。黏性土壤的保水、保肥能力强，渗漏小；而沙土质保水、保肥力差，进行田间改造工程后易发生渗漏、崩塌，不宜选用。保证土壤未被传染病或寄生虫病原体污染过。另外需注意有的土壤含铁过多，注水后产生赤色浸出物，不利于藻类生长，导致小龙虾生长不好，此类土壤

也不适合选择。底质 pH 低于 5 或高于 9.5 的土壤也不适合养殖小龙虾。

4. 田块条件

选择的稻田要求有完备的农田水利工程配套，通水、通路、通电，稻田四周没有高大的树木或竹林遮挡。稻田田面平整，面积大小适宜，单块稻田面积太小，增加管理成本，太大，又不利于生产管理。选作小龙虾养殖的稻田可根据本地高标准农田建设因地而建，单块面积西南如四川、重庆地区一般以 5～20 亩为宜，长江流域、黄河灌区及平原地区 30～50 亩为一个单元，便于人工管理，能达到一定规模的连片稻田更好（彩图 12）。为增加小龙虾活动的立体空间，必须开挖环沟，加高、加宽、加固田埂，加注满水后要求做到不崩、不裂、不漏、不垮。

5. 交通运输条件

稻田的选址还需要考虑虾、饲料、生产材料等的运输便利。稻田位置太偏僻且交通不便，不仅不利于种养户生产管理，还会影响商品虾的销售，所以养殖小龙虾的稻田一定要选择在交通便利或者通过道路改造可以创造便利条件的区域。

提示

养虾稻田应选择交通便利；水源充足、水源条件好，排灌方便、不涝不旱；土质最好为保水性能好的壤土；平整向阳，适宜稻作生长的田块。选择的稻田通过改造，创造适宜的环境条件利于水稻和小龙虾生长，同时便于生产管理。

四、田间工程

1. 开挖虾沟

以机械挖方为主，人工修整为辅，田埂夯实不漏水，整个环沟面积占整块田面积不超过 10%。

具体方法：在稻田四周开挖一条环沟作为虾沟，当夏季高温时可作为小龙虾避暑的场所，水稻晒田、施肥、喷药时，可作为隐蔽、遮阴、栖息的场所，但总面积不超过 10%，以保证水稻不减产。以 20 亩一个单位稻田为例，主要分两部分，其中紧挨田埂 40～50 厘米要与田面保持同一平面，作为土埂护坡区，环沟深度为 1.5～2 米，环沟底部宽度 1 米

以上，作为养殖区，环沟截面为梯形，上宽下窄，边坡适度并夯实。开挖环沟所起的土壤主要用于稻田田埂的加高、加宽、加固，确保田埂顶部宽2～3米，并打紧夯实，要求做到不裂、不漏、不垮（图5-8）。

图5-8 稻田环沟

注意

开挖环沟表层30厘米左右的耕作层土壤需回田继续作为水稻生长的基质土壤，深层的非耕作层土壤用于田埂的加高、加宽、加固。

2. 筑埂

分田埂和备埂。利用开挖环形沟所挖出的泥土加固、加高、加宽田埂。田埂加固时每加一层泥土都要进行夯实。田埂应高于田面60～80厘米，顶部宽2～3米。

备埂是稻田平台四周用挖环形沟所加高的土夯实的一个埂，高于田面10～20厘米，顶部宽10～15厘米。作用是：①稻谷收割后，便于处理秸秆还田时产生的黑水；②插秧时，便于保证一定的水位；③为小龙虾提供更多活动、打洞、栖息的场所。

3. 农机通道

较大田块一般进行机械化操作，稻田改造中需要预留农机通道1～2处，一般在稻田的两个长边田埂中部位置或角落设置，农机通道位置挖掘养殖环沟时预留30厘米深的原生土层不挖，埋1～3根加筋混凝土管（直径60～90厘米），再用开挖环沟所起的素土回填（图5-9）。

图 5-9　农机通道

五、配套设施

养虾稻田的基本设施主要有两个方面：一是保证小龙虾有栖息活动、觅食成长的水域；二是有防止小龙虾逃跑的防逃设备。具体设施如下：

1. 防逃设施

稻田养殖小龙虾必须建设防逃设施。防逃设施常用的有两种，一是采用砂纸、盐浸膜、铁皮板等材料，下部埋入土中20厘米以上，上部高出田埂50～60厘米，每隔1～1.5米用木桩或竹竿支撑固定；第二种是采用麻布网片或尼龙网片或有机纱窗和硬质塑料薄膜共同防逃，在易涝的低洼稻田主要以这种方式防逃。方法是选取长度为1.5～1.8米的木桩或毛竹，削掉毛刺，一端削成锥形或锯成斜口，沿田埂将桩与桩之间呈直线排列，田块拐角处呈圆弧形，内壁无凸出物。然后用高1.2～1.5米的密网牢固在桩上，围在稻田四周，在网上内面距顶端10厘米处缝上一条宽25～30厘米的硬质塑料薄膜即可。防逃膜不应有褶，接头处光滑且不留缝隙（图5-10）。

2. 进排水系统

在稻田内养殖小龙虾，进、排水口应选择在稻田相对两角的土埂上，进、排水口要用钢丝网或铁栅栏围住，防止小龙虾外逃和敌害生物进入。进水口用20目（相当于8孔/厘米）的网片过滤进水，以防敌害生物随水流进入。进水渠道建在田埂上，排水口建在虾沟的最低处，按照高灌低排格局，保证灌得进、排得出。稻田养虾应做到从进水沟单独进水，向排水沟单独排水，以利于小龙虾在相对稳定的水体中生活成长。

图 5-10　稻田防逃设施

3. 搭建饲料台

为了观察小龙虾吃食活动情况和避免饲料的浪费，每一田块需搭建 1～2 个饲料台，用直径 5 厘米的 PVC 管或用塑料管做边 80 目细网缝制饲料台，固定于环沟或田面（图 5-11）。

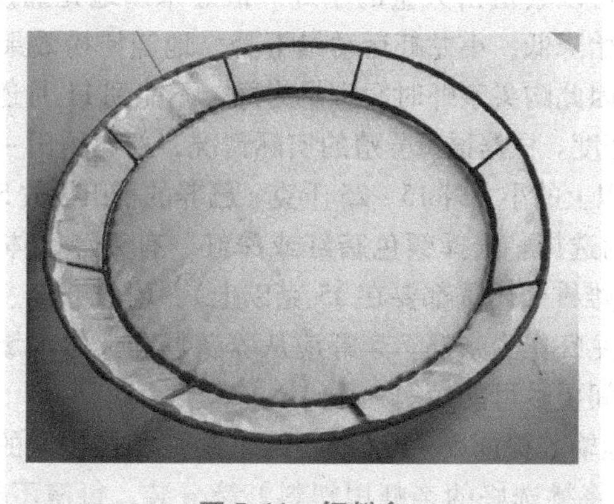

图 5-11　饲料台

4. 安全警示标识

养殖小龙虾稻田环沟一般深度达 1.5～2 米，必须在稻田边特别是沿道路边设置多个“水深注意安全”“禁止下沟游泳”等内容的安全提示牌。

5. 其他配套设施

稻田养殖还必须配备抽水机、泵作为备用水源，准备养殖用地笼、抄网、工具等，建造看管用房等生产、生活配套设施。

六、水草栽培

详见第六章。

七、水稻栽培

详见第七章。

八、苗种放养

1. 投放时间

稻田养虾要一次放足虾种，捕大留小。投放亲虾一般是6~8月，最迟不晚于9月中旬；投放虾苗一般在9~10月。下面分别讲述亲虾养殖模式和虾苗养殖模式。

2. 投放模式

（1）投放亲虾养殖模式

1）投放时间。6月至9月上旬。这一阶段水温较高，稻田内饵料生物丰富，利于亲虾繁殖和生长；同时亲虾刚完成交配，没有抱卵，投放到稻田后刚好可以繁殖出大量的小虾。最好采用地笼捕捞的虾，9月下旬以后水温开始降低，小龙虾运动量下降，地笼捕捞效果不好，亲虾数量难以保证，因此购买亲虾时间宜早为好，不能到11月还在投放亲虾。

2）投放密度。根据稻田养殖的实际情况，新建稻田一般每亩放养个体在40克/只以上的小龙虾15~25千克，已养的稻田投放5~10千克。

3）亲虾的选择。选择颜色暗红或深红、有光泽、体表光滑无附着物，个体大（雌雄个体重都要在35克以上），附肢齐全、体格健壮、活动能力强的小龙虾作为亲虾。亲虾应从养殖场和天然水域挑选，检疫无疫病，运输时间要尽可能短。

4）亲虾运输。提前3~5天拌喂维生素C和抗应激的药物，选择晴天早晨和傍晚将挑选好的亲虾用塑料虾筐分装，每筐不超过7.5千克，上面放一层水草，保持潮湿，避免太阳直晒，避风，运输时间控制在2小时以内，运输时间越短越好。

5）亲虾投放。选择稻田水草多、茂盛、浅水的地方，分点投放，把虾筐侧放，让亲虾自行爬出虾筐。

（2）投放虾苗养殖模式 9~10月投放人工繁殖的虾苗，先用木桩在稻田中营造若干深10~20厘米的人工洞穴并立即灌水，投放规格为2~4厘米的虾苗0.8万~1万只/亩。小龙虾在放养时，要注意虾苗的质量，同一田块放养规格要尽可能整齐，一次放足。如果3~4月苗少，可

以适当补苗，但建议此阶段不进行大规模投苗。

注意

投放量按稻田环沟面积计算，不能按稻田全部水面计算。

1）虾苗的选择。颜色纯正，有光泽、体色深浅一致。体表光滑无附着物，附肢齐全，无病无伤，体格健壮、手握时手中有粗糙的感觉，且虾苗行动迅速，爬行敏捷（图5-12）。虾来源遵循就近原则。

2）虾苗起捕。提前3~5天拌喂维生素C和抗应激的药物，选择晴天早晨和傍晚，有条件的可自行去养殖场自行起地笼捕捞。

3）虾苗运输。挑选好的虾苗用塑料虾筐分装，每筐上面放一层水草，保持潮湿，避免太阳直晒和风吹，运输时间控制在2小时以内，运输时间越短越好。

4）虾苗投放。选择稻田草多、茂盛、浅水的地方，分点投放，把虾筐侧放，让虾苗自行爬出虾筐。

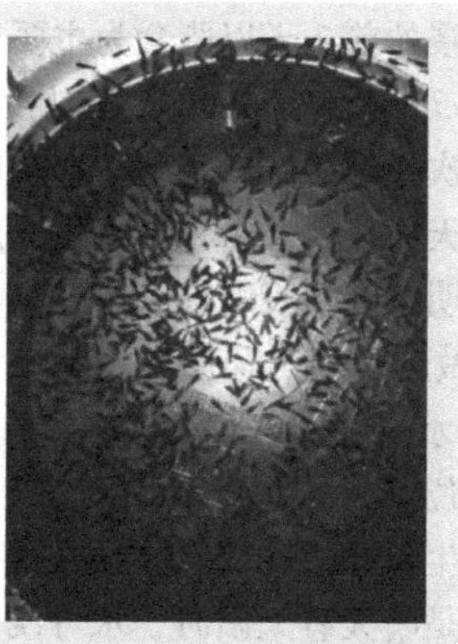

图5-12 虾苗

九、饲养管理

1. 日常管理

消毒药水施用

坚持每天巡查，观察小龙虾摄食情况、活动，检查田埂、进排水设施、防逃设施等。主要检查进排水口筛网是否牢固，防逃设施是否损坏。汛期防

止洪水漫田，导致小龙虾逃跑。巡田时还要检查田埂是否有漏洞，防止漏水和逃虾。每次注水前后水的温差不超过3℃。定期泼洒生石灰，每隔15天用生石灰兑水泼洒环沟一次，用量为50克/米^{3}水体；在生石灰泼洒7~10天后，泼洒微生态制剂来改善水质。

注意

使用生石灰时要及时监测水体氨氮，碱性环境中，氨氮极易迅速升高，造成水生动物中毒。

2. 饲喂管理

使用全价颗粒料作为小龙虾的主要饲料，配合饲料应符合《无公害食品　渔用配合饲料安全限量》（NY 5072—2002）的规定。

日投饲量为虾体重的3%~5%。阴天和气压低的天气应减少投喂。每次投喂的饲料量，以2小时吃完为宜。超过2小时未吃完应减少投饲量。水温高于30℃、低于10℃时不投喂。

投喂的前7天以驯食为主要目的，可在每天19：00~20：00和黎明6：00~7：00，分2次将饲料投至饲料台上，观察小龙虾的吃食情况，如果每次投喂的饲料在2小时内吃完，表明投饲量适宜。驯食成功后计算出每天的投料总量，并将每天总投量的60%放在傍晚投喂，其余40%放在黎明投喂。投喂地点选在环沟二级台阶上，点状或线状投喂，每天2次，做到“四定”原则。

3. 水质管理

水位调节，是稻田养虾过程中的重要一环，应以水稻为主，兼顾小龙虾的生长要求，按照“浅→深→浅→深”的办法做好水位管理。调控的方法是晴天有太阳时，水可浅些，让太阳晒水以便水温尽快回升；阴雨天或寒冷天气，水应深些，以免水温下降。小龙虾适应能力较强，在高温季节，一般每周换水一次，每次换去田中水量的20%左右，但要注意调节水温。晒田时不可将水排干，水温不要超过35℃，如水温高时需要注水调节。尽量将水温保持在20~30℃之间，利于小龙虾的生长。

小龙虾对许多农药都很敏感，水稻施用药物，应避免使用含菊酯类和有机磷类的杀虫剂，以免对小龙虾造成危害。稻田养虾的原则是能不用药时坚决不用，需要用药时则选用高效低毒的无公害农药和生物制剂。施农药时注意严格把握农药安全使用浓度，确保虾的安全，并要求

喷药于水稻叶面，尽量不喷入水中，而且最好分区用药。分区用药的含义是将稻田分成若干个小区，每天只对其中一个小区用药。一般将稻田分成两个小区，交替轮换用药，在对稻田的一个小区用药时，小龙虾可自行进入另一个小区，避免其受到伤害。喷雾水剂宜在下午进行，因为稻叶下午干燥，大部分药液会吸附在水稻上。同时，施药前田间加水深至20厘米，喷药后及时换水。

4. 蜕壳虾管理

小龙虾每次蜕壳前，适当增加动物性饲料并拌喂补钙制剂，为其顺利蜕壳提供蛋白质和钙。发现小龙虾蜕壳时，一要尽量保持安静，避免受到人为等因素的干扰，导致小龙虾蜕壳不遂，甚至直接造成死亡；二要加强蜕壳期间水质管理，保持水质清新和水位稳定，有条件的养殖户，可以循环加水，形成循环水，也可以定期冲水，以刺激小龙虾蜕壳；三要尽量减少刺激，处在蜕壳期的小龙虾，对外界抗应激能力降低，如果在此期间使用刺激性强的药物，会影响小龙虾蜕壳，还会造成部分小龙虾死亡。蜕壳后及时添加优质适口饲料，严防因饲料不足引起相互残杀。

5. 水草管理

科学掌控水草密度，保持合适的面积和密度，占比不宜超过60%，及时割除多余水草和出头的伊乐藻。如果水草长势不好，应及时泼洒速效肥料。肥料浓度不宜过大，以免造成肥害。

6. 水稻管理

（1）水位调控　稻田水位应根据生产需要适时调节。在水稻生长期间，田面以上水位应保持在10～15厘米。适时加入新水，一般每半个月加水1次，夏天高温季度应适当加深水位，水稻灌浆时需晒田。

（2）施肥管理　稻田养殖小龙虾后，因施足基肥和小龙虾新陈代谢，水稻生长一般不缺肥，如确需施肥，应施有机肥并控制施用量，不能将肥料撒入环沟内。

（3）药物管理　结合杀虫灯、性诱剂等能取得很好的防治效果和环保效果。稻田养殖小龙虾后，水稻病虫害大为减少。如果出现水稻病害现象，应选用对小龙虾低残留、低毒性的农药。

十、虾病防治

详见第九章。

十一、起捕收获

1. 成虾捕捞

(1) 捕捞时间 第一茬捕捞时间从4月中旬开始，到5月中下旬结束。第二茬捕捞时间从8月上旬开始，到9月底结束。适时捕大留小，补充虾苗或亲虾，保证科学合理的养殖密度。

(2) 捕捞工具 捕捞工具主要是地笼。地笼网眼规格应为2.5～3.0厘米，保证成虾被捕捞，幼虾能通过网眼跑掉。成虾规格宜控制在30克/只以上。

(3) 捕捞方法 开始捕捞时，不需排水，下午或傍晚直接将虾笼布放于稻田及虾沟之内，第二天清晨起捕，虾笼放置时间不宜过长，否则小龙虾容易聚集相互挤压而损伤。当捕获量渐少时，可将稻田中水排出降低水位，使小龙虾落入虾沟中，再集中于虾沟中放笼，直至捕不到商品小龙虾为止。在收虾笼时，应将捕获到的小龙虾进行挑选，将达到商品的小龙虾挑出，将幼虾马上放入稻田，并勿使幼虾挤压，避免弄伤虾体（图5-13）。

地笼捕捞

补种：一般每次地笼取虾每5千克需补充0.5～1千克小龙虾苗种。

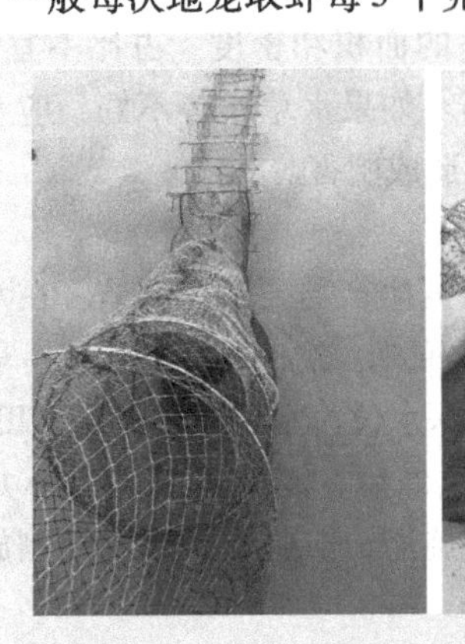

图5-13 地笼起捕

2. 幼虾补放

第一茬捕捞完后，根据稻田存留幼虾情况，每亩补放3～4厘米幼虾1000～3000只。

第五章

（1）幼虾来源　从周边稻虾连作稻田或湖泊、沟渠中采集。

（2）幼虾运输　挑选好的幼虾装入塑料虾筐，每筐装重不超过5千克，每筐上面放一层水草，保持潮湿，避免太阳直晒和风吹，运输时间控制在2小时内成活率更高，运输时间越短越好。

（3）亲虾留存　在8～9月成虾捕捞期间，前期是捕大留小，后期应捕小留大，目的是留足下一年可以繁殖的亲虾。要求亲虾存田量每亩不少于15～20千克。

第三节　小龙虾稻田养殖的关键技术点

小龙虾稻田养殖技术并不困难，但要掌握高产、高效的技术关键点，具体如下：

1. 养殖水体的结构改造要合理

注意水深、坡度、平台，进、排水系统完善，高灌低排。

2. 种植水草要多样

沉水植物看质量、多种类，首选菹草和轮叶黑藻；漂浮植物要固定，尤其是陆生植物如水花生一定不能接触泥土，否则会形成草害。

3. 防控敌害要严密

彻底除野、加水过滤、驱赶水鸟、预防病害，这一点在生产中很容易被忽视。如果只是在放养小龙虾前除野杂，生产中不清除敌害，小龙虾产量不会高。

4. 防逃设施要健全

防逃网、巡塘、堤埂要有足够宽度，重视水下防逃，以免造成不必要的损失。

5. 种苗投放要适时

夏秋投种，春季补苗，投足投早，效益最好。

6. 水质控制要科学

经常加水，定时增氧，保证稻田温度、溶氧量、pH最适合小龙虾生长。

7. 科学投喂

按照“四定”原则，饲料多样化，提倡配合饲料与农副饲料相结合投喂。

8. 适时捕捞

早捕、选用网具、捕大放小、轮捕轮放。

第六章 水草栽培技术

第一节 水草的作用

“虾多虾少，看看水草”，种好水草是小龙虾养殖生物链的重要一环。在小龙虾稻田养殖过程中一定要合理选择水草品种及多元化水草搭配。水草多少与小龙虾的规格和产量有很密切的联系，对稻田养殖小龙虾非常重要。这是因为水草为小龙虾的生长提供极为有利的生态环境，提高苗种成活率和捕捞率，降低生产成本，从而为农民增收、农业增效。水草在小龙虾养殖过程中的作用具体表现在以下几点：

水草的作用

一、丰富田间饲料

小龙虾的食性很杂，以动物性为主，但水草新鲜爽口，营养丰富，小龙虾也非常喜爱，是动物性饲料的补充和调节。小龙虾喜食的水草还有鲜、嫩、脆的特点，便于取食，适口性很强。水草能营造良好的生态环境，凡水草种类多、生长繁密的地方，小鱼、小虾等底栖动物也相对丰富，故种植水草能增加小龙虾田间饲料。

二、改善田间水质

水草能进行光合作用，增加水中的溶氧量，吸收水体中的营养物质，降低水的肥度，保持水质清新，稳定pH，为小龙虾生长发育提供水质良好、溶解氧丰富的水体环境。

三、促进小龙虾生长

水草是小龙虾栖息的理想场所，有利于其攀爬，为其活动提供了条件；水草的隐蔽作用能为虾蜕壳提供良好场所，并有利于小龙虾躲避敌害；高温季节水草能遮阴降温，是小龙虾纳凉避暑的好去处；水草具有

特殊的药理作用，可提高小龙虾免疫力、降低其发病率，凡水草多的田块或池塘，小龙虾成活率高；水草还能提高小龙虾品质。

四、减少逃逸风险

种植水草可以模拟和营造良好的生态环境，使小龙虾产生类似“家”的感觉，扩展水体的立体空间，疏散小龙虾的密度，防止或减少小龙虾因局部密度过大而发生格斗和蚕食的现象；稻田种植水草，形成水草带，具有消浪护坡的作用，可防止田埂坍塌，分离水体，使小龙虾生活环境稳定，降低了其逃逸的可能性。

第二节　水草栽培

一、水草栽培原则

选择2～3个优势种，避免单一。品种可选择菹草、轮叶黑藻、伊乐藻、苦草、金鱼藻等，移植的水草以沉水性品种为主、浮水性品种为辅，充分发挥各种水草的优点，从而使小龙虾的活动环境得到改善。如菹草鲜嫩，小龙虾适口性最好；伊乐藻耐低温，可成为早期虾田的理想水生植物；利用轮叶黑藻喜高温、虾喜食、不易破坏的特点，可成为中后期的主打品种。苗种放养前种植伊乐藻，5月移栽部分轮叶黑藻，能充分发挥各种水草的优势。向田中移植或者栽种水草需经消毒，一般使用3%食盐水浸泡5～10分钟消毒。水草栽种合计面积前期不超过40%，后期不超过60%。

水草栽种

二、栽种准备

1. 清淤消毒

水草栽种前做好清淤消毒工作，尤其对养殖多年的稻田，要清除过多的淤泥。选用消毒药物。若pH偏低，每亩施用生石灰50～75千克；若pH偏高，用漂白粉清塘，每亩用50千克化水泼洒。

2. 除野杂

除野杂也是稻虾养殖中的必需工作。野杂鱼、蛙、泥鳅等不仅消耗水体氧气，而且影响小龙虾的正常摄食量，还会对新移栽的水草产生危害，必须去除。药饵诱杀时注意对小龙虾的毒性。

3. 暴晒

先用旋耕机对稻田表层土壤进行翻耕、打碎，在保留肥度的基础上

进行充分暴晒，底泥颜色由深黑色变为浅白色，有机质被氧化，底质环境明显改善，有利于水草移栽和小龙虾病害防治。

三、水草种类与栽培技巧

1. 菹草的栽培

菹草又叫虾藻、虾草，属眼子菜科、眼子菜属。菹草为多年生沉水草本植物，生于池塘、湖泊、溪流中，静水池塘或沟渠较多，水体多呈微酸至中性。我国南北各省均有分布，在世界上也广泛分布。

（1）优点 菹草可做虾的饲料或绿肥，促进其生长发育、提高产量，还可以将其晒干后添加到配合饲料中，代替部分精饲料。据报道，蛋鸭采食菹草后产下独特绚丽天然红色（朱砂红）的红心鸭蛋，此红心鸭蛋的红色素来源于菹草，且两者都含有β-胡萝卜素，在预防肿瘤、免疫调节、清除自由基、预防眼病和心血管疾病等方面具有非常重要的作用。菹草还可促进小龙虾安全越冬，它在冬季水体中正常生长，其光合作用产生的氧气是水中溶解氧的重要来源，为水域中小龙虾安全越冬提供保障。菹草对水体中的氮磷营养盐有吸收作用，对藻类生长有抑制效应；能净化锌、砷，改善水环境质量，使水体透明度提高，浮游植物生物量下降。

（2）缺点 在一些水域菹草出现季节性疯狂生长，在水域内的分布范围、面积和现存量过大，导致水体内水生高等植物单一化，与自然水体植物结构比例不协调，阻碍水体流动，过季后又迅速腐烂变质，影响水质；同时，不利于小龙虾活动。

（3）菹草的种植和管理

1）栽前准备。

① 清整田间沟：排干田间沟内水，每亩用生石灰 75～100 千克化水泼洒，清除野杂，杀灭病菌，并让田底充分暴晒一段时间，同时做好稻田的修复整理工作。

② 旋耕土壤：用旋耕机旋耕环沟和田面 1 次，疏松土壤，利于菹草石芽、植株生长和种子萌发。

③ 施肥：植株栽培或撒种前 5～7 天，注水 30 厘米左右，进水口用 60 目筛绢进行过滤，再根据水肥瘦情况，每亩施腐有机肥或发酵腐熟粪肥 300～500 千克，作为栽培菹草的基肥，也可培肥水质。

2）栽培时间。11 月中旬左右。

3）栽培方法。

① 石芽体移植。移植其繁殖体石芽，用密齿铁耙从天然水体中将其捞出，洗净污泥，趁湿撒入被移植的水体（面积以 1 亩左右为宜），每平方米 250～300 个，然后注水，使水深在 20～25 厘米。

② 种子撒播。6～7 月收集菹草种子，在 11 月左右直接撒种。

③ 移植草。稻田放水 20～30 厘米，将草连根拔起，穴插于平台或田面，东西向间隔 2 米，南北向间隔 3 米。菹草及稻田栽培见图 6-1。

图 6-1　菹草及稻田栽培

4）加强管理。影响石芽萌发的主要因素是温度和水分。一般要求将石芽完全浸没在水中。最适温度为 14～20℃，小于 6℃或大于 25℃均不萌发。为使其正常生长和安全越冬，可采取以下措施：①移植后的稻田水位不宜过高，以 30 厘米左右为宜；②越冬期间施用有机生物肥，促进菹草生长。

【窍门】>>>>

在小龙虾天然食物组成中，菹草是小龙虾最喜爱的植物，适口性好，而且菹草生长繁殖快，小龙虾养殖首推水生植物为菹草。

2. 轮叶黑藻的栽培

轮叶黑藻又名节节草、温思草，因每一枝节能生根，故有“节节草”之称，广布于池塘、湖泊和水沟中。呈芽苞繁殖，水温 10℃以上时，芽苞开始萌发生长。轮叶黑藻可移植、可播种，并且枝茎被小龙虾夹断后还能正常生根长成新植株而不会死亡，再生能力特强，不会对水质造成不良影响，且小龙虾也喜爱采食。因此，轮叶黑藻是小龙虾养殖水域中极佳的水草种植品种。

(1) 优点 喜高温、生长期长、适应性好、再生能力强，小龙虾喜食，适合于光照充足的稻田及大水面播种或栽种。轮叶黑藻被小龙虾夹断后能节节生根，生命力极强，不会败坏水质。

(2) 缺点 低温休眠，生长比伊乐藻、金鱼藻慢，容易变异，有的植株叶片粗短、颜色较深（发黑）。

(3) 轮叶黑藻的种植和管理

1）栽前准备。

① 清整田间沟：排干田间沟内水，每亩用生石灰75~100千克化水泼洒，清除野杂，杀灭病菌，并让田底充分暴晒一段时间，同时做好稻田的修复整理工作。

② 旋耕土壤：用旋耕机旋耕环沟和田面1次，疏松土壤，利于轮叶黑藻栽插和生长。

③ 施肥：栽培前5~7天，注水30厘米左右，进水口用60目筛绢进行过滤，再根据水肥瘦情况，每亩施腐有机肥或发酵腐熟粪肥300~500千克，作为栽培轮叶黑藻的基肥，也可培肥水质。

2）栽培时间。当年12月至第二年3月是轮叶黑藻芽苞的播种期，整株4~8月均可栽培。

3）栽培方法。

① 移栽：将田间沟留10厘米的淤泥，注水至刚没泥。将轮叶黑藻的茎切成15~20厘米小段，然后像插秧一样，将其均匀地插入泥中，株行距20厘米×30厘米。苗种应随取随栽，不宜久晒，一般每亩用种株50~70千克。轮叶黑藻及稻田栽培见图6-2。

② 枝尖插杆插植：轮叶黑藻有须状不定根，在每年的4~8月，处于营养生长阶段，枝尖插植3天后就能生根，形成新的植株。

③ 芽苞种植：晴天播种，播种前向田间沟加注新水10厘米，每亩用种500~1000克，播种时应按行、株距50厘米将3~5粒芽苞插入泥中，或者拌泥撒播。当水温升至15℃，每亩田间沟一次放100~200千克，一部分被小龙虾直接摄食，一部分生须根着泥存活。

4）加强管理。

① 水质管理：在轮叶黑藻萌发期间，要加强水质管理，水位慢慢调深，同时多喂动物性饲料或配合饲料，减少小龙虾食草量，促进须根生成。

② 及时除青苔：轮叶黑藻常常伴随着青苔的发生，在养护水草时，如果发现有青苔滋生时，需要及时消除青苔。

图6-2 轮叶黑藻及稻田栽培

3. 伊乐藻的栽培

伊乐藻原产于美洲，是一种优质、低温、速生、高产的沉水植物(彩图13)，被称为沉水植物骄子，为小龙虾提供栖息、隐蔽和蜕壳的好场所，有助于小龙虾蜕壳、避敌和保持较好的体色。长江流域4～5月和10～11月伊乐藻的生物量最高。

(1) 优点 5℃以上即可生长，植株鲜嫩，叶片柔软，适口性好，再生能力强。

(2) 缺点 不耐高温，当水温达到30℃时，基本停止生长，也容易臭水，因此覆盖率不宜过大。一般多作为过渡性水草进行种植。

(3) 种植与管理

1) 栽前准备。

① 清整田间沟：排干田间沟内水，每亩用生石灰75～100千克化水泼洒，清除野杂，杀灭病菌，并让池底充分暴晒一段时间，同时做好稻田的修复整理工作。

② 旋耕土壤：用旋耕机旋耕环沟和田面1次，疏松土壤，利于伊乐藻栽插和生长。

③ 施肥：栽培前5～7天，注水30厘米左右，进水口用60目筛绢进行过滤，再根据水肥瘦情况，每亩施腐有机肥或发酵腐熟粪肥300～500千克，作为栽培伊乐藻的基肥，也可培肥水质。

2）栽培时间。根据伊乐藻平均水温5～30℃时都处于正常的营养生长状态，结合小龙虾生产实际需要，栽培时间宜在11月至第二年1月中旬。

3）栽培方法。栽种原则为分批次、先深后浅；虾沟密植、大田稀植；小段横植、平铺盖泥。一般分2次移栽，先栽虾沟，待虾沟伊乐藻发力后再加水淹没大田，在大田中栽种伊乐藻；虾沟中水草呈棋盘状种植，株距0.5～1米，大田中水草行距3～4米；水草采取小段横植、平铺盖泥的栽种方式，即用15～20根长15～50厘米（根据实际情况可以适当调整数量和长度）的小段伊乐藻横向、平铺于田底，中间盖上适当厚度的泥土，可使水草更多地与泥土接触，促进生根，且同时保障了水草的营养和光照需求，避免了插栽和堆草栽种的缺陷（插栽或堆草栽种易烂根或者烂草，而且往往需要半个月以上才能打好基础，有的甚至根本就长不动，更别谈把根须扎牢）。

4）管理。

① 水位调节：伊乐藻怕高温，因此生产上可按“春浅、夏满、秋适中”的原则进行水位调节。伊乐藻栽种后10天左右就能生出新根和嫩芽，3月底就能形成优势种群。平时可按照逐渐增加水位的方法加深田水，至盛夏水位加至最深。

② 适时施肥：总体掌握“前肥、中活、后清”的原则，根据稻田的肥力情况适量追施肥料、氨基酸肥水膏和长根肥等以保持伊乐藻的生长优势。

③ 控温：伊乐藻耐寒不难热，高温天气会断根死亡，后期必须控制水温，以免伊乐藻死亡导致大面积水体污染。

④ 控高：伊乐藻有一个特性就是它一旦露出水面后，就会折断而死亡，破坏水质。因此应及时刈割，增强通风透光，促进水体流动，增加池水溶氧量，加快水草根系生长。刈割方式主要有两种：一是呈“十”字状刈割，适合面积较小的稻田；二是呈“井”字状刈割，有的连根拔起，适合面积较大的稻田。在割除顶端茎叶时应注意两个方面：一是4月中旬至6月10日间，一般割3次草，6月10日以后不宜割草。第一次割至离地10厘米，第二次割至半水，第三次割至离水面15厘米左右。二是刈割时不能全池一次割，须两边向中央分次割，第一次割后须待水清后割第二次，以此类推，这样有利于伊乐藻的光合作用与生长。

4. 苦草的栽培

苦草俗称面条草、水韭菜，是多年生沉水植物（彩图14），6~7月是苦草分蘖生长的旺盛期，9月底至10月初达到最大生物量，10月中旬以后分蘖逐渐停止，生长进入衰老期。在稻田中种植苦草有利于观察饲料摄食情况，监控水质。

（1）优点　小龙虾喜食、易种植、产量高、耐高温，具有脆、嫩的特点，能形成“水下森林”。苦草既是投喂指示生物，也是碱性指示生物，如果苦草被小龙虾破坏，很有可能说明饲料投喂不足或营养搭配不当。苦草具有清热解毒的功效，栽种苦草利于小龙虾抵御酷暑。

（2）缺点　苦草在夏季长势非常好，但小龙虾生长利用不大且容易遭到破坏，特别是高温期是小龙虾喂食改口的季节，如果不注意保护，破坏十分严重。在以苦草为主的养殖水体，在高温期不到一个星期苦草全部被小龙虾夹光，养殖户捞草都来不及。捞草不及时的水体，甚至出现水质恶化，有的水体发臭，出现“臭绿莎”，继而引发小龙虾大量死亡。

（3）苦草的栽培与管理

1）栽种前准备。参见伊乐藻。

2）栽种时间。有冬季种植和春季种植两种。

3）栽种方法。

① 种的选择：选用的苦草种应籽粒饱满、光泽度好，呈黑色或黑褐色，长度2毫米以上，直径不小于0.3毫米，以天然野生苦草的种为好，可提高子一代的分蘖能力。

② 浸种：选择晴朗天气晒种1~2天，播种前，用稻田里的清水浸种12小时。

③ 播种：冬季播种时常常用干播法，应利用稻田清整暴晒的时间，将苦草种撒于沟底，并用耙耙匀；春季种植时常常用湿播法，用潮湿的泥团包裹草种扔在沟底即可。

④ 插条：选苦草的茎至顶梢，具2~3节，长10~15厘米作为插穗。在3~4月或7~8月按株行距20厘米×20厘米斜插。一般一周即可长根，成活率达80%~90%。

⑤ 移栽：当苗具有2对真叶，高7~10厘米时移植最好。定植密度株行距25厘米×30厘米或26厘米×33厘米。定植地每亩施基肥250千克，用草皮泥、人畜粪尿、钙镁磷混合料最好。还可以采用水稻“抛秧

法”将苦草秧抛在田间沟。

4）管理。

① 水位控制：种植苦草时前期水位不宜太高，太高了由于水压的作用，会使草种漂浮起来而不能发芽生根。苦草在水底蔓延的速度很快，为促进苦草分蘖，抑制叶片营养生长，6月上旬以前，稻田水位控制在10厘米以下，只要能满足秧苗和小龙虾的正常生长发育所需的水位，应该尽可能降低水位，6月下旬稻田水位加至20厘米左右，此时苦草已基本在田间沟中生长良好，以后的水位按正常的养殖管理进行。

② 密度控制：如果水草过密时，要及时去头处理，以达到搅动水体、控制长势、减少缺氧的作用。

③ 肥度控制：分期施肥4～5次，生长前期每亩可施发酵畜禽粪便500～800千克，后期可施氮、磷、钾复合肥或尿素。

④ 加强饲料投喂：当正常水温达到10℃以上时就要开始投喂一些配合饲料或动物性饲料，以防止苦草芽遭到破坏。当高温期到来时，在饲料投喂方面不能直接改口，而是逐步地减少动物性饲料的投饲量，增加植物性饲料的投饲量，让小龙虾有一个适应过程。但是高温期间也不能全部停喂动物性饲料，而是逐步将动物性饲料的比例降至日投饲量的30%左右。这样，既可以保证小龙虾的正常营养需求，也可防止水草过早遭到破坏。

⑤ 捞残草：每天巡查稻田时，及时把漂在水面的残草捞出沟外，以免破坏水质，影响沟底水草光合作用。

5. 金鱼藻的栽培

金鱼藻，属沉水漂浮性多年生水草，全株深绿，含质体蓝素及铁氧化还原蛋白，前者为含铜蛋白质，后者为含铁蛋白质。

（1）优点 耐高温、再生能力强，小龙虾喜食。

（2）缺点 生长快，容易臭水。

（3）栽种时间及栽培方法

1）全草移栽。每年10月待成虾基本捕捞结束后，可从湖泊或河沟中捞出全草进行移栽，用草量一般为每亩50～100千克，这时没有小龙虾的破坏，基本不需要进行专门的保护。

2）浅水移栽。一般在投放虾苗以前，水温稳定大于11℃时进行。将金鱼藻切成小段，长度10～15厘米，将环沟灌浅水，把金鱼藻像插秧一样，均匀插入沟底，每亩插10～15千克。

（4）栽培管理

1）水位调节：一般金鱼藻栽在深水与浅水交汇处，水不宜过深，控制在1.5米即可。

2）及时疏草：当水草旺发时，要防止过密引起死草臭水现象，及时用工具割除过密水草并及时捞走。

6. 水花生的栽培

水花生是挺水植物，适应性极强，抗寒能力也超过水葫芦和水雍菜等水生植物，能自然越冬，气温上升到10℃时即可萌芽生长，最适生长温度为22～32℃。5℃以下时水上部分枯萎，但水下茎仍能保留在水下不萎缩（图6-3）。

图6-3　水花生

移栽时用草绳捆住水花生放入虾沟中，也可将PPR管在虾沟中围成一个小区域再投入水花生，一般放养水花生的面积占虾沟的30%～50%。

养殖过程中要经常翻动水花生，让水体动起来，防止出现发臭现象。当发现水花生生命力减退、有萎缩现象时，可将水花生捞出，换入生命力强的新的水花生。在取出水花生时，其中有可能藏有小龙虾，应将水花生捞至田边翻动，让小龙虾自行爬入稻田中。

提示

水花生属陆生植物，栽种时一定要固定在一个区域内，不能任其接触泥土，否则易疯狂生长形成草害。

第三节　水草的管理

注重水草管理、合理养护水草是保证水草健壮、科学地生长，提高小龙虾养殖生产的重要措施。水草的管理既要看水草的长势又要看气温，以避免产生副作用。如果温度高，水草占虾沟的覆盖率一定要控制好，如果过于旺盛，会影响水体的上下流动与溶解氧的分布。具体如下：

一、养殖早期水草的管理

（1）管理时间段　2～4月。

（2）管理重点　保持水草“壮、活、旺、爽”，即水草粗壮、有活力、旺盛、洁爽。

（3）措施

1）定期施肥：保障水草生长时所需的营养及微量元素等。使用鱼用生物肥或农用肥料时应注意肥料种类和用量，以免导致水质矿化造成烂草、烂草根或导致水肥过浓、水草死亡等现象。

2）及时防治水草虫害，如线虫、蜻蜓幼虫、卷叶虫等。

二、养殖中后期水草的管理

（1）管理时间　5～8月。

（2）管理重点　保持水草的高度及定期维护水质。

（3）措施

1）当水草长至20～25厘米长的时候，每蓬水草面积发展为面盆大小时，及时将草打头，割去水草上半部的1/3，防止中层草吸收不到阳光和养分而死亡，败坏水质，导致全塘水草死亡。水草打头时应速战速决，以避免人为动作频繁使水质变混浊，造成水草叶面污物过多，影响水草的光合作用。

2）定期追肥、培育有益菌是水草旺盛生长的必要条件，也是调节水质“清、洁、嫩、爽”的关键。追肥是补充水体营养元素，补充水草养分；培菌是分解水中悬浮有机质，去除水草叶面污物，调节良好的菌藻平衡，保持水质清爽。

3）定期解毒改底，消除老化水草腐烂产生的毒害及残饵、粪便产生的毒素，防止因施肥或投喂饲料过量产生的水质矿化或水质过肥造成的藻类难以控制，保持生态平衡，提高小龙虾品质。

三、几种常见的水草生长现象及处理方法

1. 水草过稀及处理方法

（1）原因

1）水质老化混浊引起，水草上附着大量的污泥物，从而阻碍了水草的生长发育。

2）小龙虾夹草。由于饲料营养供应不足，小龙虾会出现夹草现象，

导致水草过稀。小龙虾如少量夹草属正常。

3）水草根部腐烂、霉变。养殖过程中由于大量投喂饲料或使用化肥、鸡粪等导致底部有机质过多，水草根部在池底受到硫化氢、氨、沼气等有害气体和有害菌侵蚀时，极易腐烂、霉变，使整株水草枯萎、死亡。

4）水草的病虫害。特别是黄梅季节，是各种病虫繁殖的旺盛期。细心的养殖户傍晚或者早晨可以看到很多飞虫扑向水面，这些飞虫将自己的受精卵产在水草上孵化，孵化出来的幼虫通过噬食水草来获取营养，从而导致水草慢慢枯死。

（2）处理方法　前期要求多种草、种足草；因水色过浓影响水草光合作用的，应及时调水或降低水位，增强光合作用；水质混浊、水草上附着污染物的要及时处理；发生病虫害的要及时防治；为防烂草，在高温期间，应将伊乐藻草头割掉；如果水草生长较慢，应适当施无机肥料；除青苔时谨慎选择药物，以免造成水草死亡；如果是小龙虾夹草破坏水草严重，应用地笼网先清除小龙虾，及时补种。

2. 水草过密及处理方法

（1）原因　以伊乐藻为主的小龙虾稻田，由于原田或种植伊乐藻过多，环境较好，生长旺盛，在5～6月部分水草已露出水面，水草覆盖率超过70%以上。

（2）处理方法　分期分区用拖刀将伊乐藻头部割掉30厘米，每次割掉的部分占稻田总面积的20%左右，并及时将割掉的水草捞出。每次割掉的水草面积不能过大，每次割草间隔时间也不能过长或过短，间隔时间应掌握在5天左右，这样小龙虾稻田环境在割草期间能够保持相对的稳定，保证水草和小龙虾在养殖期间能够正常生长。

3. 水草老化及处理方法

（1）原因　养殖过程中，水中肥料营养不足，水质不清爽，造成污物附着水草，叶子发黄，草头贴于水面上经太阳暴晒，从而停止生长，严重的出现水草（主要是伊乐藻）下沉腐烂，败坏水质、底质。

（2）处理方法　对于生长停滞的水草进行“打头”处理；生长过密的水草，要进行“打路”处理，一般每5～6米打一条宽2米的行道，以加强上下水层对流；经以上方法处理后，底质改良和解毒配合草肥一起使用，使水草重新生根、促长。

4. 水草疯长及处理方法

（1）原因　水温升高，小龙虾养殖稻田里的水草生长速度也在不断加快，在这个时期，如果小龙虾养殖稻田中的水草没有得到很好的控制，就会出现疯长现象。而且疯长后的水草会出现腐烂现象，直接导致水质变坏、水中严重缺氧，将给小龙虾养殖造成严重危害。

（2）处理方法

1）人工清除。这种方法是比较原始的，劳动强度也大，但是效果好，适用于小型小龙虾养殖稻田。对稻田中生长过多、过密的水草可以用刀具割除，也可以用绳索挂上刀片，两人在岸边来回拉扯从而达到割草的目的。每次水草的割除量控制在水草总量的20%以下。

2）缓慢加深水位。一旦发现小龙虾养殖稻田中的水草生长过快时，可加深水位让草头没入水面30厘米以下，通过控制水草的光合作用来达到抑制其生长的目的。在加水时，应缓慢加入，让水草有个适应的过程，不能一次加得过多，否则会发生死草并腐烂变质的现象，从而导致水质恶化。

5. 青苔过多、缠绕草及处理方法

（1）原因　冬季稻田存有积水没有排干，未彻底进行清田和消毒，青苔的孢子大量存在于田底，一旦水温适宜就开始萌发；放苗时没有提前施基肥，小龙虾放养过多，致使水质过清，阳光直射田底，底部的青苔孢子就会很快地萌发生长；水源里有青苔，进水时不小心将青苔带入稻田中导致青苔疯狂生长；种植水草时夹杂的青苔带入水体，导致青苔疯狂生长。

（2）处理方法　冬季排干稻田中的水，进行清淤、翻晒和冰冻，并用生石灰彻底清田；小龙虾田底要做平整，不生泥块，清除杂质、杂草，减少青苔附着生长的机会；采用人工捞除+腐植酸钠遮阴+针对青苔药物附着杀灭（配合泥土），在青苔较多区域多撒药物（建议在晴天使用），死亡后立即捞除青苔，随后注意用过硫酸氢钾复合盐解毒，2天后再次培水培藻。

第七章 水稻栽培技术

第一节 特征特性

一、形态特征

水稻，一年生草本，秆直立，高0.5～1.5米（随品种而异）。叶鞘松弛，无毛；叶舌披针形，长10～25毫米，两侧基部下延长成叶鞘边缘，具2枚镰形抱茎的叶耳；叶片线状披针形，长40厘米左右，宽约1厘米，无毛，粗糙。

圆锥花序大型疏展，长约30厘米，分枝多，棱粗糙，成熟期向下弯垂；小穗含1朵成熟花，两侧甚压扁，长圆状卵形至椭圆形，长约10毫米，宽2～4毫米；颖极小，仅在小穗柄先端留下半月形的痕迹，退化外稃2枚，锥刺状，长2～4毫米；两侧孕性花外稃质厚，具5脉，中脉成脊，表面有方格状小乳状突起，厚纸质，遍布细毛端毛较密，有芒或无芒；内稃与外稃同质，具3脉，先端尖而无喙；雄蕊6枚，花药长2～3毫米（图7-1）。

图7-1 水稻开花

二、生长环境

水稻喜高温、多湿、短日照，对土壤要求不严，但是壤土最好。幼苗发芽最低温度10～12℃，最适温度28～32℃。分蘖期日均20℃以上，穗分化适温30℃左右；低温使枝梗和颖花分化延长。抽穗期最适温度

第七章

25～35℃。开花最适温度在30℃左右，低于20℃或高于40℃，授粉会受到严重影响。相对湿度50%～90%为宜，穗分化至灌浆盛期是结实关键期；营养状况平衡和高光效的群体，对提高结实率和粒重意义重大。抽穗结实期需大量水分和矿质营养；同时需增强根系活力和延长茎叶功能期。每形成1千克稻谷需水500～800千克。

三、营养价值

稻粒称为稻谷，有一层外壳，碾磨时常把外壳连同米糠层一起去除，有时再加上一薄层葡萄糖和滑石粉，使米粒有光泽。碾磨时只去掉外壳的稻米叫糙米，富含淀粉，并含约8%的蛋白质和少量脂肪，含硫胺、烟酸、核黄素、铁和钙。碾去外壳和米糠的大米叫精米或白米，其营养价值大大降低。

四、用途

米的食用方法多为煮成饭，在日本、韩国、印度等其他国家和地区，米可配以各种汤、配菜等食用。碾米的副产品包括米糠、磨得很细的米糠粉和从米糠提出的淀粉，均可用作饲料。加工米糠得到的油既可作为食品也可用于工业。碎米用于酿酒、提取酒精和制造淀粉及米粉。稻壳可做燃料、填料、抛光剂，可用以制造肥料和糠醛。稻草用作饲料、牲畜垫草、覆盖屋顶材料、包装材料，还可制席垫、服装和扫帚等。

第二节 播种与育苗技术

一、品种选择

水稻优良品种除具备水稻新品种的基本条件外，还应具备产量高、适应性广、品质好、抗逆性强四方面特点。水稻品种应选择稻米品质达国家优质稻谷二级以上的，有较好的综合性状等生产优势，并通过审定定名，要有较强的适应性能，同时做到品种的合理搭配与布局。各地适宜品种各有不同，目前，适合四川地区稻田综合种养的推广应用的优质稻品种有：宜香4245、德优4727、宜香优2115、川优6203、宜香优7633等。

二、适期播种

水稻播种期与各地区气候、耕作连作制度、品种特性、病虫害发生期及劳动力的安排密切相关，在生产实践中，安排适宜的播种期就能协调好上述各因素，达到趋利避害、提高产量和改进品质的目的。其中最

为重要的是气候条件，如果播期不当，水稻灌浆结实期遇高温，结实率、糙米率、精米率和整精米率都会降低，垩白度、垩白粒率显著提高，蒸煮品质变劣，食味变差。生育后期光照不足或气温过低，往往造成抽穗不畅不齐、空秕粒增加或籽粒充实不良、青米增多，既影响产量又影响品质。因此，应在茬口、温度和光照条件适宜的范围内安排适宜播种期，力争产量和米质形成期与最佳温度和光照资源条件同步，避开灌浆结实期的高温或低温，以及暴雨、病虫等自然灾害的发生。

提示

川西地区一般在3月上旬至4月上旬播种，川东南地区一般在2月上旬至3月上旬播种。结合品种生育期，中迟熟品种宜迟播种，早熟品种宜早播种为宜。

三、壮秧培育

1. 种子处理

水稻播种前要经过一系列的种子处理措施，确保水稻苗齐苗壮，为水稻生产提供足够数量健康的秧苗打好基础。播种前水稻种子的处理主要有：做好发芽试验、晒种、选种、种子消毒、浸种和催芽等程序。

（1）晒种 晒种可以有效提高种子的发芽率和发芽势。主要原因在于：晒种可促进种子的后熟，提高酶的活性，降低谷壳内胺A、谷壳内胺B、离层酸和香草酸等物质浓度，这些物质浓度高时对发芽有抑制作用。同时晒种时太阳光谱中的短波光如紫外线具有杀菌能力，起到一定的杀菌效果。晒种方法一般是将种子薄薄地摊开在晒垫上或水泥地上，晒种1~2天，勤翻动，使种子干燥度一致。

（2）选种 通过选种使种子纯净饱满，发芽整齐。杂交水稻种子一般用清水进行选种。

（3）浸种 浸种是使种谷较快地吸水，达到正常发芽的含水量（40%左右），促进发芽整齐。达到稻种萌发要求的最适含水量所需的吸水时间，水温30℃时约需24小时，水温20℃时约需48小时。浸种时间不宜过长，以免造成种子无氧呼吸，胚乳物质发酵成酒精，降低发芽率。杂交水稻种子不饱满、发芽势低，采用间隙浸种或热水浸种的方法，可以提高发芽势和发芽率（图7-2）。

（4）消毒 水稻的多种病害均能通过种子带菌传播，需使用消毒剂或

强氯精浸种消毒。消毒可与浸种结合进行，种子经过消毒，若已吸足水分，可不再浸种；吸水不足，换清水继续浸种。凡用药剂消毒的稻种，都要用清水清洗干净后再催芽，以免影响发芽。浸种可选用25%咪鲜胺乳油2毫升兑水5千克，浸种5千克，浸种时间为24～48小时。拌种可选用30%噻虫嗪种子处理悬浮剂3毫升兑水100毫升，拌种1千克（图7-3）。

图7-2　浸种

图7-3　药剂拌种

注意

药剂浸种时间为12～24小时，不能超过24小时，时间到后立即换清水清洗。

（5）催芽　机械播种催芽“破胸露白”即可。注意谷芽标准为根长达稻谷的1/3，芽长为1/5～1/4，在谷芽催好后，置室内摊晾4～6小时，且种子水分适宜、不粘手即可播种（图7-4和图7-5）。

图7-4　催芽

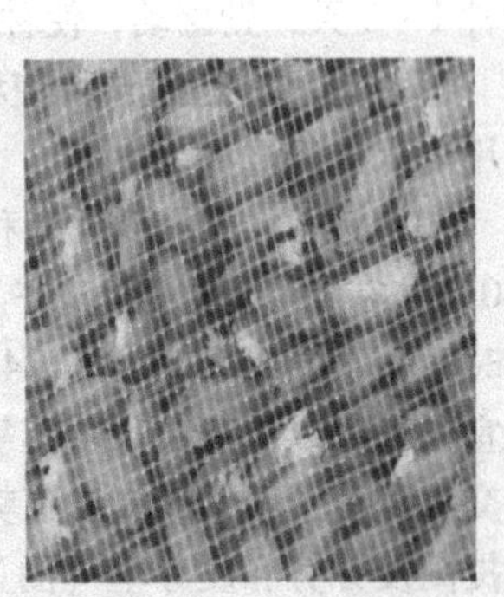

图7-5　芽谷

提示

催芽方式可选用温室，或用青草都可。

2. 主要育秧方式和技术要求

育秧是在旱地条件下育苗，苗期不建立水层，主要依靠土壤底墒和浇水来培育健壮秧苗的一种育秧方式。目前生产上推广的旱育秧方式有工厂化育秧（图7-6）、大棚育秧。采用的技术有水稻塑料软盘旱育秧技术和人工栽插的旱育技术（旱育保姆育秧技术）等。

（1）水稻塑料软盘旱育秧技术

1）科学选择苗床地，要求靠近水源，排灌方便，土壤肥沃，背风向阳，土质疏松，附近无病虫害的菜园，闲置院场和水田做苗床均可。

图7-6　工厂化育秧

2）做厢规格。一般有两种规格。一种是将苗床做成1.2米宽，可横放2张秧盘；另一种是将苗床做成1.8米宽，可横放3张秧盘，这种方法能充分利用农膜。根据排灌条件和当地实际情况，苗床可做成高洼式和低洼式两种形式。苗床之间及四周做成30厘米×30厘米的排水沟，便于排灌。

3）准备秧盘。目前生产的塑料软盘规格有561孔、434孔和353孔3种，一般434孔较为适宜，每亩需秧盘25～35张。根据苗床规格，合理摆放秧盘，摆放秧盘时要压紧、压实，使秧盘底部每个小孔穴都与池面紧密贴合，达到紧贴不悬空。

4）配制营养土。每亩需过筛肥沃土5千克，土质选用黏度适中，无杂草籽、石块。配制时将7份肥沃土和3份腐熟有机肥混合搅拌均匀，粉碎后过筛，播种前5～10天将其2/3与壮秧剂混合，比例为100∶1.25，然后翻捣混合拌匀备用，其余1/3用于播种后做覆盖土用。营养土配制完应加盖棚布或堆放在室内，以防雨淋。选用营养土时，严禁选用沙壤

土，以免抛栽时，泥坨松散，影响抛秧质量。苗床水浇足，是保证播后苗全、苗齐的关键。

提示

最好在播种前1天，苗床浇足水让土壤充分吸收，第2天摆放秧盘前，再需浇1次透水，待苗床面起浆时为止。

5）播种。播种时采用人工手播或专用播种器播均可（图7-7）。先向已摆放平整的盘孔穴内添加2/3的过筛营养土，然后将催芽露白的种子播2/3、留1/3补空穴。尽量做到不漏穴，保证每个孔穴均有2~3粒种子。播后覆盖营养土，达到谷不见天，用压板压实，并刮去盘面上多的营养土，达到孔穴界面上无存土，以防秧根互相粘连。再用细眼喷壶浇足水分，待吸干后再喷。使盘孔内水分达到饱和，然后喷施除草剂（旱秧净）进行化学除草。

图7-7 机械化自动播种设备

6）盖农膜。先用竹条搭拱架，拱架高45厘米、拱距50厘米，也可交叉搭拱架。然后覆盖农膜。农膜四周用细土压实封严，并在膜外留好排水沟。播种至出苗前要盖膜保温、一叶一心时适当在两头揭开小口通风炼苗，温度保持在30℃以内，超过35℃就要从两头揭膜适当降温。二叶期温度控制在25℃以内。在二叶一心日平均气温保持在16~18℃时，白天揭膜晚上盖膜，三叶期气温稳定时可完全揭膜。

7）水分管理。在二叶期前，秧盘面以湿润为主，二叶后期，要控制水分以旱为主。一般保持盘土不发白或叶片不萎蔫为宜，尽量少浇水，以充分发挥旱育优势。需水时，早晨喷水较好，中午或晚上不宜喷水。最后一次喷水，要在起秧前1~2天进行。切忌起秧时浇水，以保证秧根部携带泥土利于抛栽。

8）合理施肥。秧苗长至二叶期时，根据苗情施追肥，每45盘喷施

1%的尿素溶液1.5升，喷施后须用清水冲洗秧苗。起秧前3~5天施送嫁肥。

9）防治病虫害。二叶期开始要及时防治立枯病、青枯病、稻蓟马和螟虫。水稻带药移栽是在水稻秧苗移栽到本田前3~5天施药的病虫防控技术，此技术将病虫防治关口前移，压前控后，能有效减少化学农药使用量，具有省工、节约成本的特点。预防稻瘟病，防治稻蓟马、螟虫等，可选用70%吡虫啉、75%三环唑、40%氯虫·噻虫嗪兑水15千克喷施秧苗。

（2）人工栽插的旱育秧技术

1）育秧苗床准备。选择地势平坦、土质肥沃、管理方便的旱地，最好是长年未施过草木灰的蔬菜地，一般栽水稻一亩，需要一分的旱地作为苗床地。

2）开厢调酸施肥。苗床一般做成低厢，长宽因地制宜，一般厢宽1.5米，深5~10厘米。在平整苗床时，留足细土用作盖种，然后每亩苗床地撒施过磷酸钙50千克，来回翻挖3次，将肥料均匀混入10厘米深的土层内，最后精细平整，做到厢平土碎。

3）晒种、浸种、包衣。播种前将种子拆袋晒种1~2次，将种子放在清水中浸泡1小时或延长到12小时，播种时将种子捞出，沥去多余的水分（以稻种不滴水为准），然后按一袋旱育保姆可以包衣栽一亩的水稻种子进行包衣，即：先将种衣剂（旱育保姆）置于圆底容器中，将浸湿的稻种慢慢加入容器内进行滚动包衣，边加边搅拌，直到将种衣剂全部包裹在种子上即可播种。

4）适时提早播种。旱育秧一般比水育秧早7~10天播种，播种时一定要浇透浇足苗床底水，一般在播种前1天和播种前浇2次透水，使苗床达到饱和状态，然后将包衣的稻种分厢定量均匀撒播在苗床面上，再用包上薄膜的木板轻轻镇压，使种子三面入土，再撒盖一层0.5厘米左右的本土细泥，切实盖匀盖严，以不见种子为度。再用“新野”化学除草剂喷施厢面，最后盖膜压严四周，保温保湿。

5）苗床旱育旱管（图7-8）。出苗期：播种至出苗重点是保温保湿，一般不揭膜。一叶期：从现针开始，加强薄膜的管理。晴天气温高，将薄膜揭开两头，或在薄膜上覆盖稻草降温，一叶全展开时，坚持日揭夜盖，持续2~3天，即可将薄膜全揭。只要叶片不卷筒，就不必浇水。秧苗长到1.5叶时，每平方米苗床用2.5克“敌克松”兑成1000倍液喷

施，防止立枯病、青枯病害的发生。三叶期：施断奶肥，促分蘖、炼苗控高。每亩苗床地用尿素5～10千克加少量无渣清粪水兑水泼施，施肥后必须用清水洗苗。若当时气温偏低，只用清粪水促苗。三叶期后的苗床管理，每隔1片叶适量追施1次肥水。移栽前防治1次二化螟，做到带药带肥下田。

图7-8　苗床管理

注意

对于土壤酸性不符合条件的要进行调酸消毒，弱酸性的土壤为宜（一般pH为5～6）；苗床面积以1∶20的比例为宜。

第三节　大田生产技术

一、移栽技术

1. 大田准备

成都市的水稻前作多为小麦和油菜，少数是蔬菜地，每亩宜施用有机配方肥40千克左右，实行基肥一道清，以后不再追肥。利用旋耕机平整本田，大田旋耕后要求田块内落差不大于3厘米，田面无过量秸秆杂草，插秧时有水深2～3厘米的浅水层。

机械打田

2. 插植方式

稻田综合种养实施中需要一定面积空间供小龙虾生存（如虾沟、坑），此外还需要防逃设施（如围网）和保水设施（如高垄）等，这些田间工程将减少水稻种植面积8%～10%。为了确保水稻产量不减，要求单位面积内水稻穴数不减，对水稻栽培技术进行改进。优质水稻插植方式宜采取宽窄行方式。有利于改善田间通风透光条件，增加植株有效受光量，提高光合生产率，有利于改善田间小气候，扩大温差，降低温度和减少病虫害发生。

3. 插植规格和密度

水稻采用宽窄行或等行距种植，边际加密技术。稻田养殖小龙虾这类体型较小的水生动物可采用等行距，栽插规格为 20 厘米 × 30 厘米（图 7-9）。东西向种植，有利于增加通透性和稻田小龙虾生长。同时还要适当增加虾沟两边的栽插密度，充分发挥边际优势。保证每亩插秧 1.2 万 ~1.5 万穴，每穴 4 ~6 苗，实现单位面积内水稻种植穴数不减。该技术既通过利用边际效应稳定了水稻的产量，又提高了水稻对光照的利用，增加了水中溶解氧，加大了小龙虾的活动空间，保证了小龙虾的生长。

4. 适宜秧龄与栽插质量

若采用机插秧方式，要求叶龄在 3.5 ~4 叶为宜，苗高 12 ~17 厘米，根系发达，盘根良好（图 7-10）。在适期早插的基础上，注意提高移栽质量。插秧要做到浅、匀、直、稳。浅即浅插，能促进分蘖节位降低，早生快发；匀是指行株距规格要均匀，每穴的苗数要匀，栽插的深浅要匀；直、稳是指要注意栽直，即栽得浅又要求栽稳，无浮秧。

人工插秧

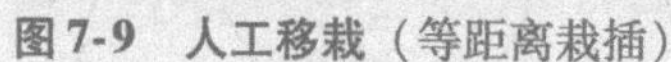

图 7-9　人工移栽（等距离栽插）

图 7-10　机插秧

第七章

二、稻田水分管理技术

在稻田返青期要保持一定水层、为秧苗创造一个温湿度较为稳定的环境，促进早发新根，加速返青。在水稻分蘖期保持田间浅水层，稻田土壤昼夜温差大，光照好、促进分蘖早发、单株分蘖数多。够苗适当晒田，控苗。稻穗发育期需水量最大，占

科学晒田

全生长期需水量的30%~40%，适宜采用水层灌溉。淹水深度10厘米左右，出穗开花期要求有水层灌溉。以成都市为例，水稻在抽穗开花期常遇高温伤害问题，稻田保持水层，可明显减轻高温影响，同时又有利于小龙虾的生长。

【窍门】>>>>

稻田养殖小龙虾后，小龙虾排泄物含有丰富的水稻生长所需养分，水稻移栽后，一般不施肥。

第四节 水稻的主要病虫害

一、主要病害

1. 稻瘟病

稻瘟病又名稻热病，水稻自幼苗至抽穗均可发生，是一种多循环病害，越冬的菌丝在适宜时期能产生大量的分生孢子，在秧苗或秧田形成初侵染，由于受干旱、高温等特殊气候影响，再加上进入雨水季节，田间温湿度增大，给稻瘟病的发生创造了有利条件，一旦发生，会导致水稻减产甚至绝收。

稻瘟病按病害在水稻不同生育期和不同部位所表现的症状，可分为苗瘟、叶瘟、节瘟、穗颈瘟和谷粒瘟（图7-11）。

（1）苗瘟 在种子发芽至三叶期以前发病，病苗在靠近土面的茎基部变为灰黑色，上部变为浅红褐色。

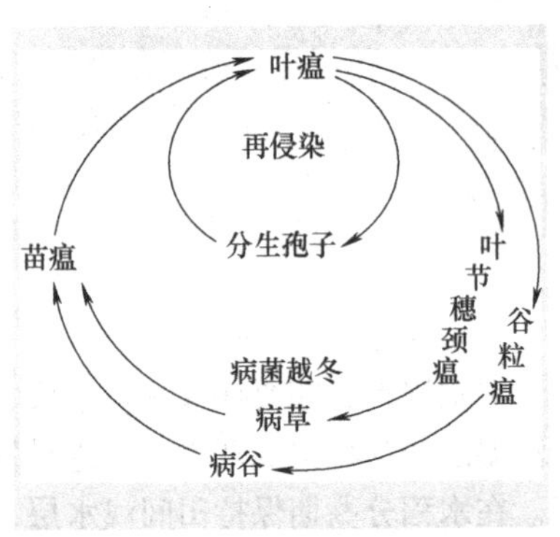

图7-11 稻瘟病侵染示意图

（2）叶瘟 在秧苗及成株叶片上都可发生，有4种不同形状的病斑。

（3）节瘟 发生在茎节上，初期出现针头大的褐色小点，后扩大至节的全部或一部分变为黑褐色，茎秆容易折断。

（4）穗颈瘟 主要在穗颈或穗轴和枝梗上发生，穗颈发病，病斑呈

褐色或灰黑色，从穗颈向上下蔓延，最后造成白穗，详见彩图15。

（5）谷粒瘟　谷粒上病斑变化较大，一般为椭圆形，呈褐色或黑褐色，中央可变为灰白色，米粒不充实，甚至变黑。

2. 水稻纹枯病

水稻纹枯病又称云纹病。苗期至穗期都可发病。病菌主要以菌核在土壤中越冬，也能以菌丝体在病残体上或在田间杂草等其他寄主上越冬。第二年春灌时菌核飘浮于水面与其他杂物混在一起，插秧后菌核黏附于稻株近水面的叶鞘上，条件适宜菌核生出菌丝侵入叶鞘组织为害。水稻拔节期病情开始激增，病害向横向、纵向扩展，抽穗前以叶鞘危害为主，抽穗后向叶片、穗颈部扩展。长期深灌，偏施、迟施氮肥，水稻生长过于茂盛，徒长都会促进纹枯病的发生和蔓延。

3. 水稻立枯病

水稻立枯病是在幼苗一叶一心至二叶一心期，由于受低温、土壤水分及空气湿度偏低、弱苗等多种不利的环境因素影响，导致秧苗的抗病能力降低，从而被病菌乘虚侵入所致的苗期病害。首先表现为根色不鲜，逐渐变为黄褐色，潮湿时茎基软腐，心叶卷曲萎蔫，全株青枯或变黄褐色枯死，严重时全田死亡，详见彩图16。

4. 稻曲病

稻曲病是水稻后期发生的一种真菌性病害。近年来，在各地稻区普遍发生，而且逐年加重，危害较大，对有些杂交水稻品种危害特别严重，严重影响水稻产量，稻曲病主要以菌核在土壤中越冬。稻曲病的发生程度除了与水稻孕穗、抽穗期间的气象有关外，还受施肥水平的影响，氮肥水平越高的田块发生越重。稻曲病仅在水稻开花以后至乳熟期的穗部发生，且主要分布在稻穗的中下部。稻曲病粒比健粒大3~4倍，呈黄绿色或墨绿色，人食病粒易生病，详见彩图17。

5. 稻粒黑粉病

该病主要发生在水稻扬花至乳熟期，只危害谷粒，每穗受害1粒或数粒乃至数十粒，一般在水稻近成熟时显症。染病稻粒呈污绿色或污黄色，其内有黑粉状物，成熟时腹部裂开，露出黑粉，污染谷粒外表。

二、主要虫害

1. 二化螟

二化螟除了为害水稻外，还为害玉米等。以老熟幼虫在稻茬、稻草

和其他寄主植物的根茬、茎秆中越冬，水稻二化螟1年发生1~5代。在成都平原地区，经过越冬的二化螟，在幼虫羽化后产卵并在5月上旬进入第一次孵化的始盛期，5月中旬达到高峰；二代二化螟为害的高峰期在7月中旬至8月初。这两个时期分别是水稻的孕穗期和抽穗期，若受二化螟侵害，易造成虫伤株和枯穗，严重影响水稻产量，详见彩图18。

2. 稻苞虫

稻苞虫幼虫通常在避风向阳的田、沟边、塘边等处越冬。在四川一年发生5~6代，能缀成多叶苞，稻苞虫的主要为害时期在6月下旬至8月，一年中严重为害水稻的时期多在8月中下旬。到10月以后，成虫飞到越冬寄主上产卵繁殖至幼虫。

3. 稻蓟马

冬季以成虫在禾本科杂草中和麦类作物上越冬。第二年育秧期间，秧苗长至2~3片叶时飞入秧田产卵繁殖。成虫虫体小，非常活跃，能飞能跳，受惊就飞散，具有趋绿性。此时秧苗移栽后正进入分蘖期，食料丰富，利于大量产卵繁殖危害心叶和幼嫩组织，严重时秧苗枯死。

4. 稻飞虱

以四川地区为例，为害水稻的主要是褐飞虱，褐飞虱体小，主要由南方稻区迁飞而至，有群集为害的习性。虫害发生时多呈点片状现象，先在下部为害，很快暴发成灾，如2007年四川省大部分地区重度发生，重灾区有相当一部分田块损失惨重。

5. 稻纵卷叶螟

以幼虫缀丝纵卷水稻叶片成虫苞，幼虫匿居其中取食叶肉，仅留表皮，形成白色条斑，致水稻千粒重降低，秕粒增加，造成减产，详见彩图19。

第五节 水稻主要病虫害的防治技术

一、防治方式

在当地农业植保部门指导下，以专业化防治服务组织或种植合作社为主体，开展专业化统防统治。

二、防治原则

优先采用农业防治措施，通过选用抗病虫品种，科学合理处理种子，培育壮苗，加强栽培管理，科学管水、管肥，中耕除草，清洁田园等一

系列生态调控措施起到防治病虫草害的作用。稻田养小龙虾后，水稻的病虫害明显减轻，尤其是使用诱虫灯、性信息素诱杀害虫后，农药的用量会大大地减少。为了提高稻谷和稻田水产品的品质，生产出有机（最少要实现绿色）产品，在施用农药时必须要使用对水稻、小龙虾危害很小的低毒药剂，并严格控制用药量和次数。

三、防治方法

1. 非化学防治

（1）灌深水灭蛹　在二化螟越冬代化蛹高峰期，及时翻耕并灌5～10厘米的深水，经3～5天，杀死大部分老熟幼虫和蛹。

（2）合理利用和保护天敌　水稻生产前期适当放宽防治指标，田埂种植大豆，蓄养天敌，利用青蛙、蜘蛛、蜻蜓等捕食性天敌和寄生性天敌的控害作用来控制害虫危害。

【窍门】>>>>

只要危害不大，能不治，就不治。

（3）诱虫灯诱杀成虫　利用害虫对光的趋性，田间设置诱虫灯，诱杀二化螟、三化螟、大螟、稻飞虱、稻纵卷叶螟等害虫的成虫，减少田间落卵量，降低虫口基数。每30～40亩安装1盏灯，采用“井”字形或“之”字形排列，安装高度为1.5～2米，灯距为150～200米，天黑开灯，凌晨6：00关灯，定时清扫虫灰，详见图7-12。

图7-12　诱虫灯

第七章

（4）性诱剂诱杀 在二化螟每代成虫始盛期，每亩放置1个二化螟诱捕器，内置诱芯1个，每代换1次诱芯，诱捕器之间距离25米，放置高度在水稻分蘖期以高出地面30～50厘米为宜，穗期高出作物10厘米，采取横竖成行，外密内疏的模式放置。在稻纵卷叶螟始蛾期，每亩放置2个新型飞蛾诱捕器，距离为18米，诱芯所处位置低于稻株顶端20～30厘米，每30天换一次诱芯，详见图7-13。

图7-13 性诱剂

2. 化学防治

（1）防治适期 重视秧田病虫害防治，使秧苗健康下田，减少大田防治次数，节约农药成本。根据当地植保部门发布的病虫害防治信息，在主要病虫害的关键防治时期或达到防治指标时进行药剂防治（表7-1）。

表7-1 水稻主要病虫害防治指标和防治适期

病虫害名称	防治指标或防治适期
秧苗期恶苗病和稻瘟病	水稻浸种时预防
二化螟	分蘖期二化螟为枯鞘株率3.5%，穗期二化螟为上代亩平残留虫量500头以上，当代卵孵盛期与水稻破口期相吻合
稻飞虱	分蘖盛期百丛500头，穗期1500头
稻纵卷叶螟	分蘖及圆秆拔节期每百丛有50个束尖，穗期每亩平均幼虫过10000条
纹枯病	水稻封行时防治1次，病丛率达20%时再次防治

（续）

病虫害名称	防治指标或防治适期
稻瘟病	分蘖期田间出现急性病斑或发病中心，老病区及感病品种及长期适温阴雨天气后水稻穗期预防
稻曲病	水稻破口抽穗前5~7天施药，如遇适宜发病天气，7天后需要第2次施药

（2）用药品种 农药要选用对口、高效、低毒、低残留的生物农药，禁止施用已限禁农药，严禁使用对小龙虾高毒的农药品种。农药剂型方面，应多选用水剂或油剂，少用或不用粉剂。在饮用水源一级保护区内（自汲水点起算，上游5000米至下游200米的水域，河岸两侧纵深各1000米的范围中除去禁区范围的区域）禁止使用化学农药；在饮用水源二级保护区内（自一级保护区上界起上溯1万米的水域，河岸两侧纵深各500米的陆域）禁止滥用化学农药。

（3）施药方法要得当 养小龙虾稻田常用的施药方法有以下3种：一是在施用农药前要将田水加深至8厘米以上，并不断注入新水，以保持水的流动再施药。二是放浅田水，让水面低于田面5厘米，把小龙虾集中在虾坑后再施农药，等稻叶上的药液完全干后（施药后半小时左右）再放水进田，且水位要高于原水位。三是分段用药，将稻田分成两段，第1天将小龙虾赶到排水口一边，给进水口一边水稻施药，第2天将小龙虾赶到进水口一边，给排水口一边水稻施药。以上3种方式中，如果稻田里面小龙虾数量偏多的，宜使用第1种施药方式；如果稻田里面小龙虾数量偏少的，宜使用第2种施药方式。

施药时还必须要注意以下几点：一是使用粉剂农药要在清晨露水未干时施用，以减少农药落入水中。使用水剂、乳剂农药宜在傍晚（16：00后，夏季高温宜在17：00以后）喷药，可减轻农药对小龙虾的伤害。二是喷药要提倡细喷雾、弥雾，增加药液在稻株上的黏着力，减少农药淋到田水中。三是下雨或雷雨前不要喷洒农药，否则农药会被雨水冲刷进入田水中，防治效果既差，还容易导致小龙虾中毒。

（4）严格农药使用准则 农业部渔业局、部分兄弟省份水产局制定了稻田养小龙虾技术标准，要严格按照农药的正常使用量和对小龙虾的安全浓度，严格施药次数和休药期，严禁使用稻虾违禁药品。既要保障

水稻生长安全，把病虫害损失降到最低程度，又要确保小龙虾安全。参照相关标准，结合成都市稻田养小龙虾实际，推荐使用以下对口、高效、低毒、低残留的药品（表7-2、表7-3）。

表7-2　稻田养小龙虾模式下水稻病虫害防治农药使用表

农药品种	主要防治对象	施药量		喷施次数/次	休药期/天
		商品药量	兑水量/千克		
扑虱灵	稻飞虱、稻叶蝉	24～30克/亩	40～50	≤2	≥14
稻瘟灵	稻瘟病	24～30毫升/亩	60～75	≤2	≥30
叶枯灵	白叶枯病	300～400毫升/亩	60～75	≤2	≥30
龙克菌	白叶枯病	100～150克/亩	40～50	<3	≥7
多菌灵	稻瘟病、纹枯病	100～150毫升/亩	100	≤2	≥30
井冈霉素	纹枯病	100～150克/亩	75～100	2	不限
托布津	稻瘟病	50～75克/亩	40～50	≤3	≥15
Bt乳剂	三化、二化螟	100～350克/亩	50～60	<3	≥10
杀虫双	稻螟虫、纵卷叶虫、稻苞虫	200～300毫升/亩	50～60	2	≥30
三环唑	稻瘟病	75～100克/亩	40～50	2	≥30

注：以上水稻最迟一次施药距离收小龙虾都在30天以上，因此食用时农药残留更低、更安全。

表7-3　水稻生产禁止或限制使用的农药种类

农药种类	名　称	禁用原因
无机砷	砷酸钙、砷酸铅	高毒
有机砷	甲基胂酸锌、甲基胂酸铁铵、福美甲胂、福美胂	高残留
有机锡	三苯基醋酸锡、三苯基氯化锡、毒菌锡、氯化锡	高残留
有机汞	氯化乙基汞、脂酸苯汞	剧毒、高残留
有机杂环类	敌枯双	致畸

第七章

（续）

农药种类	名　　称	禁用原因
氟制剂	氟化钙、氟化钠、氟乙酸钠、氟乙酰胺、氟铝酸钠	剧毒、高毒、易药害
有机氯	DDT、六六六、林丹、艾氏剂、五氯酚钠、氯丹	高残留
卤代烷类	二溴乙烷、二溴氯丙烷	致癌、致畸
有机磷	甲拌磷、乙拌磷、甲胺磷、久效磷、甲基对硫磷、乙基对硫磷、氧化乐果、治螟磷、蝇毒磷、水胺硫磷、磷胺、内吸磷、毒死蜱与三唑磷（限用）	高毒或中毒
	稻瘟净、异稻瘟净	异臭味
氨基甲酸酯类	克百威（呋喃丹）、涕灭威	高毒
二甲基甲脒类	杀虫脒	致癌、致畸
拟除虫菊酯类	所有拟除虫菊酯类杀虫剂及复配产品	对鱼毒性大
苯基吡唑类	氟虫腈	对甲壳类水生生物具有高风险，降解慢
取代苯类	五氯硝基苯、五氯苯甲醇、苯菌灵	国外有致癌报道或二次药害
二苯醚类	除草醚、草枯醚	慢性毒性

（5）轮换用药　不要固定使用一种农药，要适时轮换以免产生病虫害的耐药性。比如防治稻瘟病要稻瘟灵、托布津，三环唑和多菌灵轮换使用；防治纹枯病要多菌灵和井冈霉素轮换使用。尽量使用兼用型的农药，如多菌灵可以治疗立枯病、还可以兼治青枯病、稻瘟病、纹枯病等。

3. 质量安全控制

（1）防治档案的建立　稻田药剂的使用应做如实记载，及时检查药剂使用情况及效果，并填好田间档案记载表（表 7-4）。

表 7-4 稻田养小龙虾水稻病虫害防治田间药剂使用档案记载表

稻田区域		面积/亩		水稻品种	
序号	防治对象	施药日期	药剂名称及浓度	使用情况及效果	记载人
1					
2					
3					
⋮					

(2) 回收与处理 农药及相关防控物质的包装材料、废弃物应回收后集中处理，避免污染传播。

第六节 稻谷收获与储存

一、稻谷收获

水稻收获必须达到成熟，从稻穗外部形态去看，谷粒全部变硬，穗轴上干下黄，有70%的枝梗已干枯，达到这3个指标，说明谷粒已经充实饱满，植株停止向谷粒输送养分，此时应及时抢收。此外，在易发生自然灾害（如冰雹，风害，水灾），或复种指数较高的地区，为抢时间，也可提前在九成熟时收获。收获时应注意两个问题：

1. 通常稻谷未完全成熟时不应收获

在未完全成熟时，穗下部的弱势籽粒灌浆不足，此时收获，势必造成减产；同时，青粒米及垩白粒等不完全粒的增多，还会造成稻米品质下降，特别是对蛋白质含量和适口性有较大的影响。适当延迟收获，可改善稻米品质和适口性。在完全熟期及时收获，可避免营养物质倒流造成的损失。

2. 水稻的收获时期不宜过迟

过迟收割，穗颈易折断，收获时易掉穗落粒，而且易倒伏，收割困难，米粒糠层较厚，米色变差，加工时碎米多，产量和品质下降。

二、稻谷储存应注意的问题

粮食入仓前一定要做好空仓消毒，空仓杀虫，完善仓房结构等工作，同时还应注意以下问题：

1. 控制水分

水分过大，容易发热霉变，不耐储存，因此稻谷的安全水分是安全

储藏的根本，入库前应经过自然干燥。稻谷的安全水分标准，应根据品种、季节、地区、气候条件考虑决定，一般籼稻谷在13%以下，粳稻谷在14%以下。

2. 清除杂质

水稻中通常含有稗子、杂草、穗梗、叶片、糠灰等杂质及瘪粒，这些物质有机质含水量高、吸湿性强、载菌多、呼吸强度大、极不稳定，而糠灰等杂质又使粮堆孔隙度减少，湿热积集堆内不易撒去，这些都是储藏不安全的因素，因此，入库前必须把杂质含量降低到0.5%以下，这样可以大大提高储藏稳定性。

3. 适时通风

新收获的水稻往往呼吸旺盛，粮温较高或水分较高，应适时通风。特别是一到秋凉，粮堆内外温差大，这时更应加强通风，结合深翻粮面散发粮堆湿热，以防结霉，有条件的可以采用机械通风。

4. 低温密闭

充分利用冬季寒冷干燥的天气通风，使粮温降低到10℃以下，水分降低到安全标准以内，在春暖以前进行压盖密闭，以便度夏。

第八章 小龙虾的饲料与投喂

小龙虾食性杂，对植物性和动物性饲料均能摄取。很多养殖户认为小龙虾无须投喂配合饲料，仅仅在养殖时投喂南瓜、麸皮、豆粕等，这种认识非常片面，生产出的商品虾规格不大，品质不高。如果想要错峰上市，甚至实现一年两季虾，投喂正规厂家生产的高品质配合饲料是非常必要的。而且要根据不同生长发育阶段投喂不同蛋白质含量的饲料（蛋白质梯度为26%~36%）。幼苗期投喂发酵豆粕和开口饵料，5克以上投36%蛋白质含量的饲料，5月后温度上升，投喂28%蛋白质的饲料配合黄豆。投喂坚持“四定”，投饲率为3%~5%，每天1~2次，傍晚投饲量占2/3，黎明占1/3，均衡投料，避免小龙虾自相残杀。

第一节 小龙虾的饲料

养殖小龙虾投喂饲料时，既要满足营养需求，加快蜕壳生长，又要降低养殖成本，提高养殖效益。可因地制宜，多种渠道开发饲料来源。

一、饲料分类

小龙虾饲料分为3种：天然饵料、人工饲料、配合饲料。

1. 天然饵料

（1）动物性 水中的浮游动物，如轮虫、枝角类、桡足类等，动物性蛋白质丰富，虾苗开口必备。

（2）植物性 绿藻、硅藻等，浮游植物、水生植物的幼嫩部分，浮萍、谷物、饼粕类等。

2. 人工饲料

（1）植物性 南瓜、玉米等，粗纤维含量高，易消化，提供能量。

（2）动物性　线虫、水蚯蚓、螺等。

3. 配合饲料

小龙虾属于杂食性甲壳动物，在虾苗（仔虾和幼虾）生长阶段，主要靠水中的天然饵料为食，进入养殖阶段，可通过投喂配合饲料提供更全面的营养，增强体质，加快生长速度，缩短养殖周期。

二、饲料来源

1. 利用现成饲料

在池塘、河沟、水库和湖泊等水域人工捕捞小鱼、小虾等作为小龙虾优质的天然饵料，投喂前要进行消毒处理，可用3%~5%的食盐水清洗10~15分钟，再进行投喂。这类饲料来源广泛，饲喂效果好，但是劳动强度大，且质量不稳定。

2. 收购野生动物饲料

在小溪、小河、塘坝、湖泊等地，可通过收购当地渔民捕捞的野杂鱼为小龙虾提供天然饵料，投喂前要进行消毒处理，可用3%~5%的食盐水清洗10~15分钟，再进行投喂。

3. 人工培育鲜活饲料

蚯蚓、水蚯蚓、黄粉虫、丰年虫等都是优质鲜活饲料，可进行人工养殖和培育。

4. 利用水体开发

水草是小龙虾喜食的植物性饲料，也利于天然饵料生物的生长繁殖，应充分利用水体中的水草资源，确保水草覆盖面积达到40%以上。

5. 利用配合饲料

饲料是决定小龙虾生长速度和产品质量的关键物质，任何单一饲料来源均无法满足其营养需求，因此在充分利用天然资源的同时，投喂人工配合饲料也非常必要。

三、小龙虾营养需求

近年来，环境友好型饲料备受青睐，从降低饲料成本出发，同时注重对养殖水体水质的保护，营养学家对小龙虾进行了系统的研究。经60天试验，研究发现规格为6.49克左右的小龙虾主要能量物质营养需求为：饲料蛋白质需求量为33%~36%、赖氨酸需求量为1.66%、蛋氨酸需求量为0.94%；豆粕与鱼粉的组合效果在增重方面最佳；小龙虾对饲料中能蛋比的需求量为34~36兆焦/千克；饲料蛋白质水平为27%左

右，脂肪水平为4%~7%。

第二节 科学使用配合饲料

人工配合饲料主要成分包含蛋白质、糖类、脂肪、无机盐和微生物等，营养成分齐全。发展小龙虾产业，必须发展人工配合饲料以满足生产需求。

人工配合饲料可根据小龙虾的不同生长发育阶段对各种营养物质的需求，将多种原料按一定的比例配合、科学加工而成。配合饲料又称为颗粒饲料，包括软颗粒饲料、硬颗粒饲料和膨化饲料等，它具有动物蛋白质和植物蛋白质配比合理、能量饲料与蛋白质饲料的比例适宜、营养物质较全面的优点。生产中最常用硬颗粒饲料，投喂后4小时内不溶解为判断标准。

一、配合饲料应用的优点

1. 饲料来源广、适口性好

扩大了小龙虾饲料的来源和数量，通过对原料加工，使原料成型、变性，适口性好。

2. 提高利用率，减少对水质的污染

配合饲料营养成分较全面，解决了单一饲料营养不足的缺陷。饲料在水中能保持较长时间，既减轻了对水质的污染，又减少了饲料浪费，提高了饲料利用率。

3. 营养全面，加速生长

可根据蛋白质互补原理，合理利用饲料，进行科学搭配，有目的地满足小龙虾的营养要求，提高饲料利用率，降低饲料成本。

4. 减少浪费，降低成本

配合饲料可以减少饲料在水中的溶散，减少饲料浪费。

5. 掺入药物，防病方便

配合饲料中可以更方便地掺入防病药物，减少病害，提高小龙虾的成活率。

二、配合饲料的配制

1. 小龙虾饲料配方设计

小龙虾全价配合饲料的配方是根据其营养需求而设计的，下面列出几种配方仅供参考：

（1）苗种

1）鱼粉70%、豆粕6%、酵母3%、α-淀粉17%、矿物质添加剂

1%、其他添加剂3%。

2）鱼粉77%、啤酒酵母2%、α-淀粉18%、血粉1%、复合维生素1%、矿物质添加剂1%。

3）鱼粉70%、蚕蛹粉5%、啤酒酵母2%、血粉1%、α-淀粉20%、复合维生素1%、矿物质添加剂1%。

（2）成虾

1）鱼粉60%、α-淀粉22%、大豆蛋白质6%、啤酒酵母3%、引诱剂3.1%、维生素添加剂2%、矿物质添加剂3%、食盐0.9%。

2）鱼粉65%、α-淀粉22%、大豆蛋白质4.4%、啤酒酵母3%、活性小麦筋粉2%、氯化胆碱（含量50%）0.3%、维生素添加剂1%、矿物质添加剂2.3%。

3）肝粉100克、麦片120克、绿紫菜15克、酵母15克、15%虫胶适量。

2. 工艺流程

从目前饲料加工情况来看，工艺大致相同，主要流程为：原料清理→配料→第1次混合→超微粉碎→筛分→加入添加剂和油→第2次混合→粉状配合饲料或颗粒配合饲料→喷油、烘干→包装、储藏。

第三节　科学投喂

投喂优质的配合饲料是小龙虾取得优质、高产、稳产、高效的重要举措。

一、投喂需要了解的真相

第一，小龙虾自身消化系统的消化能力不足，主要表现为消化道短、内源酶不足；另外气候和环境的变化尤其是水温的变化会导致小龙虾产生应激反应，甚至拒食等，这些因素都会妨碍小龙虾对饲料的消化吸收。

第二，不要盲目迷信小龙虾的天然饵料，有的养殖户认为只要水草养好了，螺蛳投喂足了，再喂点小麦、玉米之类的就可以，而忽视了配合饲料的使用，这种观念是错误的。在规模化养殖中天然饵料不能满足大量小龙虾生长所需，因此必须科学使用配合饲料，而且要根据不同的生长阶段使用不同粒径、不同配方的配合饲料。

第三，饲料本身的营养平衡与生产厂家的生产设备和工艺配方相关联，例如，有的生产厂家为了节省费用，会用部分植物蛋白质（常用的

是发酵豆粕）替代部分动物蛋白质（如鱼粉、骨粉等），加上生产过程中的高温环节对饲料营养的破坏，如磷酸酯等会丧失，会导致饲料营养的失衡，从而也影响了小龙虾对饲料营养的消化吸收及营养平衡的需求。所以，养殖者在选用饲料时要理智谨慎，最好选择口碑好的知名品牌。

第四，为了有效弥补小龙虾消化能力的不足，提高对饲料营养的消化吸收，满足其营养均衡的需求，增强其免疫、抗病能力，在喂料前，定期在饲料中拌入产酶益生菌、酵母菌和乳酸菌等是很有必要的。这些有益微生物复合种群优势，既能补充小龙虾的内源酶，增强其消化功能，促进对饲料营养的消化吸收，还能有效抑制病原微生物在消化系统生长繁殖，维护消化道的菌群平衡，修复并促进体内微生态的健康循环，预防消化系统疾病，对小龙虾养殖十分重要。另外，如果在饲料中定期添加保肝、促生长类药物，既有利于保肝护肝，增强肝功能的排毒解毒功能，又能提高小龙虾的免疫力和抗病能力。

第五，投喂饲料时，总会有一些饲料沉积在稻田底部，从而对底质和水质造成一些不良影响，增加小龙虾的应激。为了确保稻田的水质和底质都能得到良好的养护和及时的改善，减少小龙虾的应激反应，在投喂时可根据不同的养殖阶段和投喂情况，在饲料中适当添加一些营养保健品和微量元素，增强虾的活力和免疫抗病能力，提高饲料营养的转化吸收，促进小龙虾生长，降低生产风险和养殖成本，提高养殖效益。

二、投饲量

投饲量是指在一定时间（一般是指24小时）内投放到稻田中的饲料量，与小龙虾的食欲、数量、大小、水质、饲料质量等有关，实际养殖生产中投饲量常用投饲率进行度量。投饲率也称日投饲率，是指每天所投饲料量占小龙虾总体重的百分数。日投饲量是实际投饲率与水中承载小龙虾量的乘积。为了确定某一具体养殖水体中的投饲量，需首先确定投饲率和承载小龙虾量。

1. 影响投饲量的因素

投饲量受许多因素的影响，主要包括养殖小龙虾的规格（体重）、水温、水质（溶氧量）和饲料质量等。

（1）水温 小龙虾是变温动物，水温影响它们的新陈代谢和食欲。在适温范围内，小龙虾的摄食随水温的升高而增加。应根据不同的水温

确定投饲率，具体体现在一年中不同月份投饲量应该有所变化。

（2）水质　水质的好坏直接影响到小龙虾的食欲、新陈代谢及健康。一般在缺氧的情况下小龙虾会表现出极度不适和厌食。水中溶氧量充足时，食量加大。因此，应根据水中的溶氧量调节投饲量，如气压低时，水中溶氧量低，相应地应降低饲料投饲量，以避免未被摄食的饲料造成水质的进一步恶化。

（3）饲料的营养与品质　一般来说，质量优良的饲料小龙虾喜食，而质量低劣的饲料，如动物蛋白质含量较少的饲料或霉变饲料，则会影响小龙虾的摄食，甚至拒食。饲料的营养含量也会影响投饲量，特别是日粮的蛋白质的含量，对投饲量的影响最大。

2. 投饲量的确定

为了做到有计划的生产，保证饲料及时供应，做到根据小龙虾生长需要，均匀、适量地投喂饲料，必须在年初规划好全年的投饲计划。具体方法是首先根据稻田条件、全年计划总产量、虾种放养量估算出全年净产量，根据饲料品质估测出饲料系数或综合饲料系数，然后估算出全年饲料总需要量，再根据饲料全年分配比例表定出逐月甚至逐旬和逐日分配的投饲量。

其中各月饲料分配比例一般采用“早开食，晚停食，抓中间，带两头”的分配方法，在虾类的主要生长季节投饲量占总投饲量的75%~85%，每天的实际投饲量主要根据当地的水温、水色、天气和虾类吃食情况来决定。

3. 小龙虾具体投饲量的确定

虾苗刚下田时，日投饲量每亩为0.5千克。随着生长，要不断增加投饲量，具体的投饲量除了与天气、水温、水质等有关外，还要在生产中自己把握。由于小龙虾是捕大留小，因此通过按生长量来计算投饲量是不准的。建议采用试差法来掌握投饲量，即在第2天喂食前先查一下前一天所喂的饲料情况，如果没有剩下，说明基本上够吃了；如果剩下不少，说明投喂得过多了，据此一定要将投饲量减下来；如果看到饲料没有了，且饲料投喂点旁边有小龙虾爬动的痕迹，说明上次投饲量少了，需要加一点，如此3天就可以基本确定投饲量了。在没捕捞的情况下，隔3天增加10%的投饲量，如果捕大留小了，则要适当减少10%~20%的投饲量。

三、投喂方法

一般每天2次，分傍晚、黎明投放，饲料投喂要采取“四定”“四看”的方法。

1. 配合饲料的规格

颗粒饲料具有较高的稳定性，可减少饲料对水质的污染。此外，投喂颗粒饲料便于具体观察小龙虾的摄食情况，灵活掌握投喂量，可以避免饲料的浪费。最佳饲料颗粒规格随小龙虾增长而增大（图8-1）。

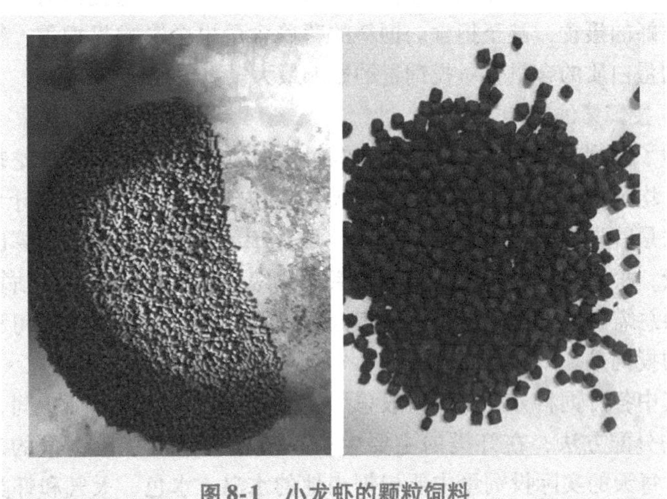

图8-1　小龙虾的颗粒饲料

2. 投喂原则

小龙虾是以动物性饲料为主的杂食性动物，在投喂上应进行动、植物饲料合理搭配，实行“两头精、中间青、荤素搭配、青精结合”的科学投喂原则进行投喂。

3. “四看”投喂

（1）看季节　5月中旬前，动、植物性饲料比为60∶40，5～8月中旬为45∶55，8月下旬至10月中旬为65∶35。

（2）看实际情况　连续阴雨天气或水质过浓，可以少投喂，天气晴好时适当多投喂；大批虾蜕壳时少投喂，蜕壳后多投喂；虾发病季节少投喂，生长正常时多投喂。既要让虾吃饱吃好，又要减少浪费，提高饲料利用率。

（3）看水色　透明度大于50厘米时可多投，小于20厘米时应少投，并及时换水。

（4）看摄食活动　发现过夜剩余饲料应减少投饲量。

4.“四定”投喂

（1）定时　生长季节每天2次，最好定到准确时间，调整时间宜半月甚至更长时间才能进行。水温较低时，也可每天喂1次，安排在傍晚。

（2）定位　沿田边浅水区定点“一”字形摊放，每间隔20厘米设一投饲点，也可用投饲机来投喂。

（3）定质　青、粗、精结合，确保新鲜适口，建议投喂配合饲料，全价颗粒饲料，严禁投腐败变质饲料。其中动物性饲料占40%，粗料占25%，青料占35%，做成团或块状，以提高饲料利用率。动物下脚料最好是煮熟后投喂，在田中水草不足的情况下，一定要添加鲜嫩陆生草类的投喂，夏季要捞掉吃不完的草，以免腐烂影响水质。

（4）定量　日投饲量的确定按前文叙述。

5. 牢记“匀、好、足”

（1）匀　表示一年中应连续不断地投以足够数量的饲料，在正常情况下后两次投饲量应相对均匀，相差不大。

（2）好　表示饲料的质量要好，要能满足小龙虾生长发育的需求。

（3）足　表示投饲量适当，在规定的时间内小龙虾能将饲料吃完，不使小龙虾饥饿或过饱。

第九章 小龙虾疾病防治

野生环境下的小龙虾的适应性和抗病能力都很强，因此目前发现的疾病较少，常见的病和河蟹、青虾、罗氏沼虾等甲壳类动物疾病相似。

由于小龙虾患病初期不易被发现，一旦发现，病情就已经不轻，用药治疗作用较小，疾病不能及时治愈，导致大批死亡而使养殖者遭受较大损失。所以防治小龙虾疾病要采取“预防为主、防重于治、全面预防、积极治疗”等措施，控制虾病的发生和蔓延。

第一节 小龙虾病害发生的原因

为了及时掌握发病规律和防止虾病的发生，首先必须了解发病的病因。小龙虾发病原因比较复杂，既有外因也有内因。查找根源时，不应只考虑某一个因素，应该把外界因素和内在因素联系起来加以考虑，才能正确找出发病的原因。

一、自身因素

小龙虾自身会携带病原体如细菌、病毒等，属于正常现象，当小龙虾机体抵抗力良好时病害一般不会发生，但抵抗力低下时往往会发病。

二、环境因素

影响小龙虾健康的环境因素主要有水质和底质。

1. 水质

水质的好坏直接关系到小龙虾的生长，影响水质变化的因素有水体的酸碱度（pH）、溶解氧、透明度、氨氮含量及微生物等理化指标。这些指标在适宜的范围内，小龙虾生长发育良好，一旦水质环境不良，就可能导致小龙虾生病或死亡。其次是水温，小龙虾的体温随外界环境尤其

是水温变化而发生改变，当水温发生急剧变化时，机体由于适应能力不强而发生病理变化乃至死亡。小龙虾生长适宜的水体环境为pH7～8.5，溶解氧大于5毫克/升，氨氮小于0.1毫克/升，亚硝酸氮小于0.01毫克/升。

2. 底质

小龙虾属于底栖动物，稻田养殖所投喂的饲料、药品等最终都会沉降在底部，良好的底质对小龙虾养殖至关重要。

三、外界因素

外界因素主要是指敌害生物和人为因素的影响。

1. 敌害生物因素

敌害生物是指直接吞食或直接危害小龙虾的生物，如青蛙会吞食软壳小龙虾生物，乌鳢等对小龙虾的危害也极大，蝌蚪、福寿螺等会影响小龙虾幼苗生长等。

2. 人为因素

（1）操作不慎 在饲养过程中，经常要给小龙虾换水、地笼捕捞、运输，有时会因操作不当或动作粗暴，导致碰伤小龙虾，造成附肢缺损或损伤，这样很容易使病菌从伤口侵入，使小龙虾感染患病。

（2）外部带入病原体 从自然界中捞取活饵、采集水草和投喂时，由于消毒、清洁工作不彻底，可能带入病原体。

（3）饲喂不当 大规模养虾基本上靠人工投喂饲养，投喂不当、投食不清洁或变质的饲料、投喂单一等，易引起水质腐败，促进细菌繁衍，导致小龙虾生病。

（4）放养密度不当和混养比例不合理 放养密度过大，会造成缺氧，并降低饲料利用率，引起小龙虾的生长速度不一致，出现残食现象，造成较高的发病率。在混养时一定要考虑对软壳虾和虾苗的影响。

（5）进、排水系统设计不合理 进、排水系统不独立，一个稻田的小龙虾发病往往也传播到另一稻田的小龙虾。这种情况特别是在大面积养殖时更要注意预防。

第二节 小龙虾疾病预防

稻虾养殖中疾病发生较少，主要原因是稻田水质清新，含氧量高，且放养密度不是很高，小龙虾摄食天然饵料多，同时稻田病原体少。因此，相对来讲，虾抗病力强，不容易生病。但近几年来，由于放养密度

增加，管理技术滞后，再加上周围环境变化，稻虾病有加重发展趋势。虾病防治，以防为主，防重于治，要做好以下几项工作：

一、稻田要处理

稻田养殖小龙虾必须对稻田尤其是环沟进行清整、晒田、消毒处理，有条件的可进行冬、春季暴晒，特别是多年养殖的冷水田、烂泥田必须清整、晒田、消毒。

1. 清整

主要是除污清淤。待田水排干后将环沟底的淤泥清除并堆放在斜坡上，以加厚田埂，或把淤泥运到农田菜地里作肥料。通过清淤可扩大环沟容量，增强抗旱保水能力。一般 3 年清淤 1 次，虽然费用较高，但可降低饲料系数及病害防治费用，利大于弊。

2. 晒田

稻田长期投饲施肥，残饲、生物排泄物等积累容易导致多种病原微生物大量繁殖而影响小龙虾的质量和产量。此外，稻田底部淤泥中含有大量的有机物，这些有机物氧化分解会消耗掉水体中的大量氧气，使水体处于低氧或缺氧状态，容易造成小龙虾缺氧，不利于小龙虾的生长。由于冬季寒冷，日夜温差大，田里的病原微生物活动微弱，经不起严寒日晒而亡，同时经过冷冻暴晒，塘底土质变得疏松，与空气接触后有助于细菌活动，把有害物质转化为营养物质，为来年改善溶氧量状况和改良水质创造条件。有条件的地方可以多次晒田、旋耕，还原氧债，改良土壤结构。

3. 消毒

消毒药可选用生石灰，它既可以杀灭细菌、病毒、寄生虫等病原体，还可起到调节水质、改良土壤、增加钙含量的作用。使用方法：干田亩（鱼沟面积）用生石灰 30～50 千克溶水后趁热泼洒。

二、饲养管理要注重

小龙虾发生疾病多因饲养管理不当引起，因此，加强饲养管理，做好“四定”投喂技术是预防疾病的重要措施之一。

（1）定时　投饲时间相对固定，形成一定规律性。

（2）定点　投饲地点固定，最好设置固定饲料台，既方便观察小龙虾的吃食状态及时了解其摄食能力，也方便对食场消毒。

（3）定质　要投喂新鲜、未腐烂变质的饲料或者配合饲料。

（4）定量　根据不同天气、不同季节、生长情况和摄食情况来确定合理的投食量。

三、水质调节要科学

水源要可控，杜绝引用工业化学污水，最好有暂养池进行蓄水，当进入农药等对小龙虾有毒害的物品时，可及时发现，避免不必要的损失。

定期注入或更换新水，保持良好水质。可定期对水质进行调节，如使用 EM 菌、光合细菌、芽孢杆菌或生石灰等。

四、药物预防要做好

1. 投入品消毒

进行水草栽种、动物性饲料投喂时，应该事前进行消毒，可采用食盐、高锰酸钾、聚维酮碘等消毒剂。

2. 生产工具消毒

日常使用的饲喂工具、割草刀具、桶、地笼等，应经常暴晒和定期用消毒剂浸泡，对直接接触小龙虾的工具更要严格消毒后才能使用。

3. 小龙虾消毒

在投放小龙虾前要进行科学消毒，常用方法是用食盐水、聚维酮碘或高锰酸钾溶液等浸泡消毒。

4. 增强小龙虾免疫力

6～9 月高温季节每半个月用酵母免疫多糖、三黄粉、大蒜素等拌饵投喂 2～3 天，预防细菌性疾病。

5. 生态防病

任何生物的生存都需要一定生态条件。小龙虾病发生和发展与生活环境密切相关：环境条件好，适合小龙虾生存，病原体不宜滋生；若环境差，会降低小龙虾抗病能力，病原体趁机侵袭，使小龙虾生病。可用改善水体环境的微生物剂如光合细菌、有益微生物菌种 EM、利生素、芽孢杆菌等，实现藻相平衡、菌相平衡，起到降低水中氨氮、调节水质的作用。

6. 科学使用药物

在小龙虾疾病的防治上，不同的剂型、不同的用药方式，药效是不同的。内服药的剂量是按小龙虾体重或一包药拌多少克饲料计算，外用泼洒药物的剂量则是按照稻田实际水体体积来计算的，不同的剂量不仅可以产生药物作用强度的变化，甚至还能产生药物效果的变化。

注意

使用消毒剂、杀虫剂、青苔净等带有强刺激作用的药物时，必须按照实际水体计算，并同时考虑是否对虾苗有影响。

7. 药物真假辨别

(1) 不买“六无”产品 即不购买无商标标识、无生产地、无厂名、无生产日期、无保质期、无合格许可证的药物。

(2) 药品与非药品 目前，市场上养虾投入品种类较多，凡在虾类养殖生产中使用，用来预防、治疗、诊断虾病或者有目的地调节虾类生理机能的物质都为虾用兽药，主要包括中药材、中成药、化学类药品、抗生素、生化药品、消毒剂、杀虫剂、药物饲料添加剂及内服用的微生态制品等。凡用来改良水质、底质环境的产品可不视为虾药产品。近年来，市场上经常出现打着非药品旗号的虾药，标识为非药品，但其产品的功能却标为预防、治疗或调节虾类生理机能的作用，这一类产品应考虑为假药。

(3) 企业的信誉度 养殖户应选择信誉度好的大型兽药生产企业的产品，认准通过GMP认证企业的产品。中国兽药信息网定期发布农业部兽药抽检情况，可以经常关注相关信息，凡出现抽检不良记录的企业产品应慎选。

(4) 产品标签 按照《兽药管理条例》规定，动物药品包装标签必须注明“兽用”标志、兽药名称、主要成分、功能与主治、用法与用量、成分含量、批准文号、生产日期、有效期限、产品批号、储藏、包装规格与数量、生产企业信息等内容。如果缺少上述任一信息就可判定为假药。

选购时首先应将兽药名称与主要成分进行比对。除中药类散剂产品外，虾药产品名称与其主要成分应相同，一般复方制剂主要成分不超过3个。在主要成分中凡写有“××抑制剂”“××因子”“特殊助剂”“增效剂”“多肽”的，均系非法产品，不应考虑选购。

(5) 产品说明书 凡虾用化学药品、抗生素产品说明书中都必须注明“兽用”标识，并注有上述标签上的信息。在抗菌药品的说明书中注有广谱抗病毒类药或既能抗病毒又能抗细菌的，应慎重选购。产品标签和说明书的内容，不可印制带有宣传、广告色彩的文字或标识。

（6）产品性状 根据产品的特性，合格的虾用兽药性状表现不同。粉剂、散剂、预混剂、可溶性粉、药物饲料添加剂应疏松、干燥，颗粒均匀，无结块、吸潮、霉变或变黏等现象，且色泽一致、无色斑。片剂产品的外观应光洁完整、色泽均匀，有适宜硬度，无花斑和黑点，无变色、破碎、发黏，无异味。中药散剂主要看其有无虫蛀、吸潮、霉变、鼠咬等。溶液剂产品应透明、无结晶、无肉眼可见异物，装量无异常。如果药品性状上出现上述现象不宜选购。

选购虾药时还应检查虾药产品是否在有效期内，产品包装上是否附有检验合格标志，包装箱内是否有检验合格证。检查袋装产品的封口是否完好，是否有粉剂散出。瓶装产品瓶盖是否密封，封口是否严密，检查有无裂缝或药液散出。发现假药应及时向当地渔业或农业行政主管部门举报。若不慎使用假兽药后小龙虾出现死亡的，可保存相关证据，拿起法律武器向相关企业索赔。

五、养殖密度要合理

保持合理的养殖密度，既有利于充分发挥稻田的生产力，又能提高虾的产量、规格和经济效益。如果片面追求产量而提高养殖密度，则会增加养殖管理方面的难度，小龙虾也会为争夺生存空间而自相残杀。高密度养殖产生的大量残饵和排泄物也会败坏水质，使小龙虾的生存空间进一步缩小。因此养殖过程中，放养密度不宜过大，及时捕大留小，为小龙虾提供更多生长空间。

第三节 小龙虾常见疾病及其防治

虾病的发生是病原体、环境因素和虾三者相互作用的结果。小龙虾作为底栖水生动物，大部分时间栖息于水底层、草丛中和洞穴里，平时在水体中很难遇见，即使遇到也会迅速逃避。因此，当巡田时（特殊天气例外）发现水质突变，小龙虾静伏岸边、攀伏草上、反应迟钝、食量下降、个别死亡等情况，说明小龙虾有发病征兆或已经发病。

小龙虾的病害研究比人工养殖的历史更短，目前对许多问题尚未完全了解，因此，对待虾病应立足于“无病先防、有病早治、以防为主、防治结合”的十六字方针。在这里，我们总结了全国各地发生的病害及相关文献资料中的病害，以帮助养殖户更好地对症下药，科学地治疗小龙虾的疾病。小龙虾常见的疾病可分为病毒性疾病、细菌性疾病、真菌

性疾病与寄生虫疾病等。

一、病毒性疾病

小龙虾病毒性疾病目前报道最多的是白斑综合征。病原为白斑综合征病毒（white spot syndrome virus，WSSV），为有囊膜的杆状病毒。

白斑综合征是小龙虾稻田养殖中常见疾病之一，也称为“五月魔咒”，近年来流行范围广、危害严重，死亡率高。专死大虾，小虾影响不大。

【症状特征】 发病初期精神亢进，摄食量明显增加。3 天左右，虾摄食量减少、活动减弱、反应迟钝，部分静卧于池边水草上，体色发暗。解剖可见患病小龙虾腹部脏污，头胸甲及腹节甲壳易剥离，内层有软甲壳，体内有积液，肝、胰腺肿大、颜色变浅，鳃丝发黑，胃肠道空而无食、颜色发绿，有明显肠黏膜出血及水肿，血淋巴不易凝固（彩图 20）。成虾发病死亡率最高，虾苗发病不多见。

【流行特点】 发病水温为 18～25℃，4 月中旬至 5 月为流行高峰，死亡率达 90% 以上。

【预防措施】 预防为主，防治结合。预防主要从提早上市、合理安排养殖密度、保持水体和底质良好养殖环境及提高小龙虾免疫力几方面着手。1）增加水体溶解氧；2）增强小龙虾机体免疫力；3）定期进行水体消毒；4）增投清热解毒、保肝护肝药物；5）用药 24 小时后且水源水质好的情况下进行换水；6）用药后小龙虾活力好转时可转塘，以降低养殖密度；7）提早投苗，提早收获；8）地笼捕捞后的小龙虾，不宜放回原田，因为这样易激活白斑综合征病毒。

【治疗方法】 目前此病还无特效药。发病后停食换水，死虾捞出深埋，避免暴发性传染，器具要消毒。确诊患病毒性疾病时不得使用强刺激性药物；饲养活动应以避免小龙虾产生应激为原则。

二、细菌性疾病

从现有养殖过程中发现，每年 4～6 月是小龙虾病害的高发时期，在该期间以细菌性条件致病菌引发的病害为此阶段较为突出的多发性常见疾病。该病在致病初期死亡量较小，死亡量随时间的变化而递增，发病后进一步导致的并发症也越来越急，流行越来越快，造成的损失也越来越大，给养殖与疾病的防控带来较大困难。比如患病虾会经常出现螯足无力、烂鳃、烂尾、甲壳出现深色斑点、边缘溃烂的症状。

导致小龙虾细菌性疾病的常见致病菌包括：弗氏柠檬酸杆菌、副溶

血弧菌、嗜水气单胞菌等。因为这些致病菌是常年存在于水体中的，只有在水质恶化或者池塘底部淤泥较多的情况下才会大量繁殖，且细菌需达到一定的致病数量才会导致发病。现介绍几种常见的细菌性病害的主要防治技术，供养殖户参考。

1. 甲壳溃烂病

【症状特征】 该病是由几丁质分解细菌感染而引起的。初期病虾甲壳局部出现颜色较深的斑点，然后斑点边缘溃烂、出现空洞，随病情恶化病灶逐渐发展成块状，块状中心下的肌肉有溃疡状，边缘呈黑色，久之会死亡（彩图 21）。

【流行特点】 在各地都有发生，主要流行期为 5～8 月。所有的小龙虾都能感染。

【预防措施】 尽量使虾体不受或是少受外伤，改善水质条件，精心管理、喂养，提供足量的隐蔽物。在养殖环节中操作时，动作要轻缓，尽量减少损伤，在运输和投放虾苗虾种时，不要堆压和损伤虾体。控制小龙虾种苗放养密度，做到合理密养。保持水质清新，氧气充足，饲料新鲜。水体用二氧化氯（或强氯精、漂白精等）消毒，并投喂药饵 10～14 天。

【治疗方法】 用每立方水体 15～20 克的茶粕浸泡液全池泼洒。每亩用 5～6 千克的生石灰全池泼洒，或用每立方水体 2～3 克的漂白粉全池泼洒，也可以起到较好的治疗效果，但生石灰与漂白粉不能同时使用。

2. 烂鳃病

【症状特征】 该病由于大量弧菌和其他杆菌寄生在病虾的鳃上，通过大量繁殖，使鳃部丰富的毛细血管内血液无法流通，导致含氧量降低，阻止虾的呼吸功能，使病虾生长缓慢；鳃丝因长时间缺氧，会导致鳃丝发黑、霉烂，鳃组织萎缩坏死，因缺氧而死亡。患有该病的虾通常会浮出水面或依附水草露出水外，在感染严重的情况下，可在虾的游泳足和甲壳的上方发现有丝状菌的生长，感染后病虾会出现行动缓慢、异常、迟钝和摄食下降的状态。

【流行特点】 从幼虾到成虾均可被感染，这种病一般在 15℃以上的温度下发生，水温在 15～30℃的范围内开始盛行，而且温度越高越容易传播。引起该病是致病菌直接与虾体接触从而导致直接感染，如鳃部受到外力导致机械性损伤后，致病菌更容易感染虾体。

【预防措施】 放苗前，用生石灰等彻底清塘；遵循饲料投喂“四

定”原则即定时、定量、定位、定质，经常清除稻田内的残饵、污物，及时加注新水，保证优质水体环境，维持养殖环境卫生与安全，使水体中的溶解氧常保持在5毫克/升以上，避免水质被污染。

【治疗方法】 用含氯消毒剂（如漂白粉等）1.5克/米^{3}在养殖范围内全池泼洒，因含氯消毒剂对细菌中的细菌原浆蛋白能够相互作用，产生氧化反应和氯化反应，而呈现消毒杀菌作用，可以起到较好的治疗效果，但是要强调的是生石灰与漂白粉不能同时使用。当水体消毒后，可用大蒜素等拌饲料投喂，每天2次，连用5~7天即可。

3. 烂尾病

【症状特征】 由大量细菌性病原感染或嗜几丁质分解细菌引发细菌感染所致，虾体因外界因素（如在捕捞放养、运输等人工操作或机械损伤）使大量致病菌寄生在尾端，病虾反应迟钝，在岸边无力上草。感染初期部分尾扇红肿，有小疮口，内含液体，随病情恶化，长时间易造成尾部缺损发黑，且从边缘腐蚀糜烂向中间发展，严重感染时整个尾部都会被吞噬，有时还表现出断须、断足等现象。

【流行特点】 该病为虾类常见疾病的一种，当虾受到机械性损伤时会增加感染率，流行水温在12℃以上，随水温的升高感染率增加，具有传染速度快、传播广的特点。当出现该类病症时要隔离养殖病虾，及时消毒，控制水温，使疾病扩散保持在一个可控范围内，避免更大的损失。

【预防措施】 平时注意保持养殖水质良好，定期消毒，定期换水，出现该病应全田彻底消毒。运输、转移养殖、搬运过程中注意避免让虾受损，选择晴天起笼，控制放养密度。

【治疗方法】 发病时可用15~20克/米^{3}茶粕浸泡液全池泼洒，也可以用挂袋挂篓法在养殖稻田四周放置茶粕渣，自动浸泡。用漂白粉或者含氯消毒剂泼洒，可达到较好的治疗效果。当病情治愈后，使用生石灰和光合细菌等微生态制剂交叉轮换全池泼洒，半个月使用1次，这样可有效地调节水体pH，达到改善水体、降低池中氨氮含量和其他化学成分的作用。

三、真菌性疾病

主要包括黑鳃病和水霉病。

1. 黑鳃病

【症状特征】 鳃部由肉色变为褐色或深褐色，直至变黑，鳃组织萎缩

坏死。患病的幼虾活动无力，多数在池底缓慢爬行、停食。患病的成虾常浮出水面或依附水草露出水外，不进洞穴，行动缓慢，最后因呼吸困难而死。

【流行特点】 在持续阴雨或强暴雨后，由于水浅易混浊，水体污染、光照不足很容易造成霉菌感染。

【预防措施】 经常换水，及时清除残饵和腐败物；用生石灰或二氧化氯定期消毒水体。

【治疗方法】 用漂白粉全池泼洒，每天1次，连用2~3次；或用聚维酮碘泼洒消毒。

2. 水霉病

【症状特征】 初期症状不明显，当症状明显时，菌丝已侵入表皮肌肉，水中呈灰白色，似棉絮状。伤口处的肌肉组织长满长短不等的菌丝，该处组织细胞逐渐坏死。病虾消瘦乏力，活动焦躁，摄食降低，严重者会导致死亡。

【流行特点】 多发于18~21℃。

【预防措施】 当水温上升至15℃以上时，用生石灰化水全池泼洒，对放养的稻田要彻底消毒；在捕捞、搬运中，要仔细小心，避免虾体损伤、黏附淤泥；切忌雨雪天进行，避免冻伤；越冬或放养的水体必须经过清整消毒，杀死敌害、寄生虫和病原体，以减少水霉菌入侵的机会。

【治疗方法】 用食盐、小苏打配成合剂全池泼洒，每天1次，连用2天，若效果不明显，换水后再用药1~2天。用二氧化氯全池泼洒1~2次，两次用药应间隔36小时。

四、寄生虫疾病

主要是原虫病、纤毛虫病。纤毛虫病是小龙虾稻田养殖中的常见疾病之一，危害性大，全国各地均有发生该病的报道。

【症状特征】 患纤毛虫病的小龙虾虾体表、附肢、鳃等部位有许多棕色或黄绿色绒毛，对外界刺激无敏感反应，活动无力，虾体消瘦，头胸甲发黑，虾体表多黏液，全身都沾满了泥脏物，并拖着条状物，俗称“拖泥病”（彩图22）。

患纤毛虫病的小龙虾

【流行特点】 成虾、幼虾和受精卵都易感染，在有机质多的水中极易发生。全国各地均能发生该病。

【预防措施】 用药物彻底消毒，保持水质清洁；在生产季节，每周

换新水1次，保持池水清新；虾种放养时，可先用食盐水浸洗虾种3～5分钟。对上市的小龙虾可用地下水冲洗虾体表2天，纤毛虫失去营养供给会自行脱落。

【治疗方法】 采用0.5～1克/升的新洁尔灭与5～10毫克/升的高锰酸钾合剂浸洗病虾；用0.7毫克/升的硫酸铜和硫酸亚铁合剂（5:2）全池泼洒；将患病的小龙虾在醋酸溶液中浸泡，大部分固着类纤毛虫即被杀死。

五、其他类型疾病

1. 软壳病

【症状特征】 该病是由于光照不足、pH长期偏低，池底淤泥过厚、虾苗密度过大、长期投喂单一饲料，蜕壳后钙、磷转化困难，致使虾体不能利用钙、磷所致。病虾虾壳变软且薄，体色不红或灰暗，活动力差，觅食不旺盛，生长速度变缓，身体各部位协调能力差。

【流行特点】 幼虾易感染。

【预防措施】 冬季清淤、暴晒；用生石灰彻底清塘，放苗后每20天用20毫克/升生石灰化水泼洒；控制放养密度；投饲多样化，适当增加含钙饲料。

【治疗方法】 当水质不良时，应先大量换水，改善水质。发生该病，每月用25毫克/升生石灰化水全池泼洒；用鱼骨粉拌新鲜豆渣或其他饲料投喂，每天1次，连用7～10天；每隔半个月全池泼洒枯草杆菌0.25克/$米^3$；饲料内添加3%～5%的蜕壳素，连续投喂5～7天。

2. 蜕壳不遂

【症状特征】 病虾在其头胸部与腹部交界处出现裂痕，全身发黑。

【流行特点】 常因生长的水体缺乏某种元素所致，天气剧变也易导致蜕壳不遂。各种规格虾均可发生，尤其是幼虾。

【预防措施】 每15～20天用生石灰化水全池泼洒；每月用过磷酸钙化水全池泼洒。

【治疗方法】 饲料中拌入1‰～2‰蜕壳素；饲料中拌入骨粉、蛋壳粉等增加钙质。

3. 泛池

【症状特征】 小龙虾在缺氧时，烦躁不安，有时成群爬到岸边草丛中不动，还有的爬上岸，如离开水体时间长了则会导致死亡。

第九章

【流行特点】　四季均可发生，主要原因是水体缺氧。

小龙虾缺氧上草

【预防措施】　冬闲期间，要及时清除过多淤泥，冻晒池底；使用已经发酵的有机肥，控制水质过浓；控制虾种放养密度；常加新水，保持水体清爽。

【治疗方法】　如发现虾不安，应加注新水，但不能直接冲入，最好是喷洒落入水面；若水质混浊，每亩用明矾 2～3 千克化水全池泼洒；也可采用其他增氧措施。

养殖小龙虾过程中发生病害会造成很大的损失，只要坚持防重于治、无病先预防、有病早治疗的健康养殖思路，定期消毒，改善水质，及时清除死虾，控制细菌、病毒等繁衍数量，就能科学有效地预防疾病。在生产过程中，消毒药物尽量轮换使用，避免产生耐药性，从而能达到有效预防病害的作用。淡水小龙虾疾病种类和病原较多，养殖户在养殖过程中经常会遇到一系列疾病和难题，在现场选择患病虾采样诊断时，除固着类纤毛虫（如聚缩虫、单缩虫等）可直接通过肉眼观察确诊外，由病毒引起的疾病，如白斑病毒病、细菌真菌引发的病害都不容易确诊，必须通过实验室进行分析诊断，但通过流行规律可以进行疾病初判，所以平时要严抓病害的防治工作，提早预防，注意消毒，加强饲养人员的培训和日常管理工作，树立高度的防控意识，从而实现小龙虾养殖业的更好更快的发展。

第十章 高产高效养殖实例

第一节 稻虾连作实例

一、黄梅县落河田稻虾连作养殖成功模式

黄梅县五祖镇张思永村冷洼稻田进行稻虾连作，示范面积13.7亩。投入：建设稻田成本按5年分摊1200元，虾种5480元，地笼500元，菜饼100元，合计总开支7280元。产出：小龙虾销售收入38100元，存池小龙虾每亩约10千克价值4110元，合计总收入42210元；当年纯收入34930元，每亩平均纯收入2549元。具体操作如下：

1. 稻田选择与改造

（1）稻田选择 稻田选择相对平坦的田块，位于送水河旁（山上下来的水）和大沟两边，水源较好，进、排水方便，送水河的水为进水来源，排水可直排大沟。所选稻田共7块，面积13.7亩，通过租赁、互换等形式从4户村民手中流转过来。

（2）稻田改造 根据地势高低确定改造为3块种养稻田，面积为1号田4.9亩、2号田4.8亩、3号田4亩。2014年12月雇请一台挖机进行稻田开挖虾沟施工，1号、2号田三方挖沟，沟深70厘米、沟宽1米，3号田四方挖沟，沟深70厘米、沟宽1米，挖沟土方用于加高、加宽田埂，蓄水深度50厘米。各田块预留了机械作业通道。稻田改造费用6000元，每亩平均438元。

2. 稻田育草

稻田改造后，不灌水，让其晒冻，任其长草，本地田块主要生长一种叫“三月黄”的野草，3月施肥促进野草生长，稻田中野草基本全覆盖，但3号田因平整后沙质较多，野草长势较差。

3. 稻田灌水

3月下旬开始灌水，水位逐渐加高。用密网过滤防止野杂鱼入田。

4. 投放虾苗

（1）放种时间　2015 年 3 月 25 日至 4 月 28 日。

（2）放种数量　440 千克，实际成活 390 千克，每亩平均 28.5 千克。其中外购 200 千克，第 1 批从市场上购买 50 千克，运回投放后死亡约 25 千克以上，后续购买本地野生虾苗 150 千克，死亡 20 千克；自捕野生虾苗 240 千克。

（3）虾苗规格　120～200 只/千克。

（4）虾苗成本　5480 元。其中外购 200 千克，平均价为 15.6 元/千克，合计 3120 元；自捕 240 千克，按均价 9.8 元/千克计，约 2360 元。

（5）虾种投放　一次投足，捕大留小，轮捕轮放。

5. 日常管理

投放虾苗后，注意观察小龙虾摄食活动情况，适时加注新水，加强防偷防逃管理，夜间值班看守。5 月下旬稻田中水草基本吃光，其中 3 号田 5 月上旬已吃完，后期补充投喂了 50 千克菜饼。因第一年试养，养虾稻田没有建设防逃设施，正常情况下，小龙虾养殖一定要建防逃设施。平时注重消毒预防，没有发生病害。

6. 捕捞小龙虾及产量

小龙虾生长 40 天后即可开始捕捞上市，捕大留小，抢抓市场价格，促进留田小虾生长，并可根据情况补充投苗，提高稻田利用率和小龙虾产量。捕捞时间为 5 月 2 日至 6 月 18 日，因规格、市场等因素停捕 10 多天。前期日捕 15～25 千克，后期日捕 50 千克左右，6 月 10 日捕捞 100 余千克，销价最低。捕捞方法是用地笼夜晚捕捞，清晨上市销售，销往黄梅、宿松县城固定收购小龙虾公司。3 块田分别起捕小龙虾 450、470、350 千克，总产 1270 千克，单产分别 92、98、87.5 千克。存池小龙虾每亩约 10 千克。1 号、2 号田块亩产 100 千克以上，增重 3 倍。

7. 小龙虾销售收入

小龙虾销售价格随行就市，前期上市规格 25～35 只/千克，整齐、干净、质好，最高价为 40 元/千克，最低价为 18 元/千克，后期统货销售，最低价为 8 元/千克，平均价为 21.4 元/千克。卖虾总收入 38100 元，3 块田分别为 13500 元、14100 元、10500 元，每亩毛收入为 2755 元、2937 元、2625 元。

8. 小龙虾养殖效益

小龙虾销售收入为 38100 元，存田小龙虾每亩约 10 千克价值 4110

元，合计总收入42210元；建设稻田成本按5年分摊1200元，虾种5480元，地笼500元，菜饼100元，合计总开支7280元，当年纯收入34930元，每亩平均纯收入2549元。

9. 播种中稻

为不误种稻季节，6月10日前基本捕完小龙虾，11日开始放水退田，6月13日、15日、21日3块田免耕直接撒播稻种，每亩节约机耕费100元。

试验结果表明，山区、丘陵地区的落河田、冷浸田推广稻虾连作种养模式是可行的，效益很理想，每亩比单纯种稻增收约2000元。这种模式已得到了本村农民的认可，部分农户将着手稻虾连作种养模式增收致富。

二、庐江县稻虾连作养殖成功模式

庐江县惠丰家庭农场进行稻虾连作，示范面积20亩，投入：田租16000元，稻种700元，水草800元，机械插秧3600元，有机肥2000元，机械收割1200元，小龙虾苗种17000元，水电费1000元，生物制剂3000元，人工6000元，饲料8560元，合计投入59860元。收入：水稻亩产550千克，共计24200元；小龙虾亩产120千克，共计91200元，合计115400元。效益：115400元－59860元＝55540元，亩均效益2777元。具体做法：

1. 田块开挖

（1）田块选择　选择水源充足、水质良好，交通便捷，周边无污染源的水稻田块，面积20亩为宜。

（2）田块开挖　对选择的田块，在秋季水稻收割后，开展田间工程改造，使用机械在田块四周开成环沟，沟宽1.5～2米、深60厘米左右。利用挖沟的土对田埂进行加宽加高加固，土壤保水能力差的田块，田埂中间加埋一层防渗漏薄膜，做到田块保水60厘米以上。环沟的主要作用：一方面在高温季节为小龙虾提供遮阴、隐蔽和脱壳场所，烤田时也便于虾进入；另一方面保证种虾秋、冬季存田数量，为第二年养殖提供所需的小龙虾苗种。

（3）田块消毒　虾苗投放前15天，对虾沟及田块消毒，消毒药物主要有生石灰、漂白粉、强氯精等，一般生石灰用量为150千克/亩，消毒，清塘目的主要是有效杀灭田中敌害生物和病原体。7天后

对田块注入新水，注水时用100目的网布过滤，防止小杂鱼鱼卵进入田块。

2. 防逃设施

小龙虾养殖防逃设施选用网布和塑料薄膜，防逃设施高度在40厘米以上。选用网布作为防逃设施，在网布上端缝制宽20厘米的塑料薄膜。

3. 田块施肥

一般消毒以后可进行施肥，使用发酵过的有机肥料200～300千克/亩，均匀施在田面上，干田或浅水施肥均可。浅水施肥以田面水深不超过15～20厘米为宜。施肥后用旋耕机对田块进行旋耕，这样将稻草、有机肥及土壤搅拌均匀，既有利于疏松土壤，同时可以加快稻草腐熟，便于水生生物生长又有利于水草栽植后快速生长。同时在小龙虾饲养过程中，要适时追肥，便于浮游生物和水草的持续生长，一般每20天施追肥1次，追肥以生物肥料为主，施肥量视池水肥瘦程度决定，使池水透明度保持在35厘米左右为宜。

4. 水草栽培

“草好虾好，草少虾小”。水草在小龙虾养殖过程中起到了决定性的作用。水草是小龙虾的优质饲料，可补充大量维生素；水草净化水质，改善水体环境；水草能为小龙虾提供隐蔽栖息场所，减少敌害生物或同类的残杀。水草以伊乐藻为佳，种植要“分布均匀、密度适中”，达到小龙虾正常生长季节覆盖率60%左右。

5. 虾苗投放

苗种投放时间一般从3月底4月初开始，虾苗以人工繁育的苗种为宜，亩投放规格160～200只/千克虾苗6000～8000只，同一田块投放的虾苗要求规格整齐，附肢齐全，无病无伤，且一次性放足。投放小龙虾苗种时，要将虾苗浸泡2～3分钟，再沥水3～5分钟，反复2～3次，让虾苗吸足水分后再沿田块四周均匀放养。从养殖经验来看，选购野生虾苗其成活率较低，应加大投放量。

6. 饲料投喂

饲养小龙虾的主要饲料为人工配合颗粒饲料，也可投喂小鱼、螺蚌肉、干鱼粉等动物性饲料和菜饼、麸皮、小麦、玉米、南瓜及各种嫩草等植物性饲料，投喂的配合饲料要营养全面，尽量选择正规厂家生产，每天的投饲量应掌握在存田小龙虾体重总量的3%～5%，以吃完不留残

饵为准。如果在前期有机肥施用充足，水草栽培合理且覆盖率达到60%，可大大减少饲料的使用量。

7. 日常管理

每天坚持巡池3次，早晨观察小龙虾活动情况和防逃设备是否损坏，如果发现小龙虾上岸或趴在水草上驱赶不肯入水，则应检查水体是否缺氧或水质变坏等，采取相应措施；中午观察水色变化和水草生长情况，决定是否施肥或减草，水体pH保持在7.5左右，透明度在35厘米左右为宜。晚上观察小龙虾吃食情况，决定饲料投喂量和食物搭配。早春保持浅水位，促进水草快速生长；随着气温的不断升高，逐渐加深池水，以稻田田面最深水深不超过80厘米。

8. 虾病防治

虾病防治应贯彻以防为主，防重于治的理念。虾池应定期消毒，一般每隔15~20天左右用氯制剂或者碘制剂消毒1次。水质调节以EM菌等生物制剂为主，底质不好可用改底药物处理。虾料中定期添加复合维生素可有效提高小龙虾免疫力和预防虾病。

9. 捕捞上市

虾稻连作模式小龙虾起捕时间应集中在6月中下旬。一般采用虾笼（地笼）进行诱捕，将已成熟的小龙虾捕捞上市。

10. 水稻栽插与管理

（1）水稻种植 选择病害少、不易倒伏、产量高的晚稻品种，5月中下旬开始育秧，6月中下旬排出田面水，小龙虾捕捞结束后，剩余的一部分小龙虾进入田块四周环沟，可作为下一年种虾留田。如果田面杂草多，用旋耕机对田块进行旋耕，可采取机械栽插水稻。

（2）烤田 秧苗栽插20天左右缓缓排出田面留水，让虾进入沟内，烤田14天左右。

（3）水稻病虫害防治 养殖小龙虾的稻田，由于小龙虾摄食杂草和有害动物虫卵，水稻病虫害相对较少。如果发生病虫害可用高效低毒低残留药物防治1~2次。

（4）水稻收割 10月中上旬开始机械收割稻谷，秸秆还田，留茬40~50厘米。收割结束，旋耕田块，将水加深至30厘米，及时移栽伊乐藻。

11. 秋繁管理

10月中下旬，水稻收割后，对养殖田块施用有机肥进行旋耕处理，

注入新水，培育轮虫等浮游生物，亲虾交配抱卵，孵化虾苗，要加强饲料投喂力度，确保亲虾和苗种营养需求。做好冬季小龙虾入洞越冬，第二年开春水温达到15℃以上，加强投喂，4 月即可起捕一部分成虾，小虾苗进入下一年度饲养管理阶段。适宜区域：一般水源充足、保水力强的稻田均可以进行改造，圩区、低洼地、丘陵地带均可，面积 10～50 亩为宜。

注意事项

①田间工程建设要求标准化，保持田面平整；②水草种植不宜过密或过疏，一般水草面积占整个田块面积的 50%～60%；③虾苗应选择人工培育种，野生苗种病害多，成活率低；④加强水质管理，做好水质调控工作，减少虾病发生；⑤搞好小龙虾、水稻茬口对接，水稻收割时间不得迟于 10 月 10 日，否则影响虾苗秋繁。

12. 成本效益分析

（1）投入成本 田租：800 元/亩×20 亩=16000 元；稻种：35 元/亩×20 亩=700 元；水草：40 元/亩×20 亩=800 元；机械插秧：180 元/亩×20 亩=3600 元；有机肥：100 元/亩×20 亩=2000 元；机械收割：60 元/亩×20 亩=1200 元；小龙虾苗种：850 元/亩×20 亩=17000 元；水电费：50 元/亩×20 亩=1000 元；生物制剂：150 元/亩×20 亩=3000 元；人工：300 元/亩×20 亩=6000 元；配合饲料：428 元/亩×20 亩=8560 元。合计投入：59860 元。

（2）收入合计 亩产水稻 550 千克，均价 2.2 元/千克，收入 24200 元；小龙虾亩产 120 千克，均价 38 元/千克，收入 91200 元。合计收入 115400 元。

（3）效益分析 115400 元－59860 元＝55540 元，亩均效益 2777 元。

三、南京竹程社区和大营村稻虾连作养殖成功模式

南京市六合区程桥街道竹程社区和马鞍街道大营村稻虾连作示范，经营主体为以种植业为主的家庭农场，示范面积 75 亩，此示范片只种一季中稻，8～10 月放养小龙虾种苗，第二年 4 月捕捞成虾，稻田空闲到 5 月才开始种植水稻，小龙虾产量为 200 千克/亩左右，水稻产量为 500 千克/亩左右。

第十章

1. 生产管理

主要抓好苗种投放、适当投喂和水位控制。

（1）苗种投放 通常在水稻晒田后放养，一般投放成熟亲虾12～15千克/亩，雌雄比为1.0:（1.5～2.0）。

（2）适当投喂 放养后适当投喂优质饲料，当发现幼虾后，增加投喂次数，并随着水温提高增加投喂量，水温低于12℃时不投喂。主要投喂鱼糜、螺蚌肉、麸皮、米糠或用小龙虾配合料等。

（3）水位控制 在水稻搁田期，保持围沟中有60厘米以上的水位；水稻收割后至11月，保持田面水深30厘米；入冬气温下降要提高水位，到第二年3月，可适当降低水位使水温上升。

（4）捕获成虾 4月中旬，开始用大眼地笼网捕捞商品虾，捕获的小虾不能回塘；在稻田插秧前全部捕完。

2. 病敌害防控

小龙虾常见的病害为白斑综合征，常见的敌害有小杂鱼、鸟等。预防措施：针对白斑综合征，提早投喂精饲料，提高虾的抗病力；调控好养殖水质，定期泼洒氯制剂或微生物制剂。针对小杂鱼控制，主要措施为清塘消毒，杀灭小杂鱼；用密网过滤进水，防止鱼苗鱼卵进入。针对鱼鸟驱赶，用声音驱赶、光亮驱赶及设置防鸟网线等。

3. 效益分析

根据示范户测算，实施稻虾连作的田块，水稻产量为500千克/亩，小龙虾产量为200千克/亩左右，纯收入达6000元/亩以上，而当地常规种植田块纯收入仅1000元/亩左右，稻虾连作田块的纯收入是普通田块的6倍以上。

第二节 稻虾共作实例

一、四川邛崃稻虾共作养殖成功模式

成都邛崃是2017年国家级稻渔综合种养示范区，面积2000亩以上，以稻虾共作为主。近年来，邛崃引进四川中伦农业发展有限公司，由公司带来资金，并组建了以四川省农科院、成都市农林科学院、成都市统筹城乡和农业委员会、邛崃农林局专家构成的专家团队提供强力技术后盾，将小龙虾养殖和水稻种植有机结合，在种养结合中取得了良好经济效益（图10-1）。具体做法如下：

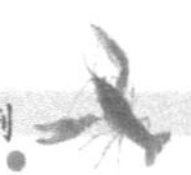

图 10-1　邛崃国家级稻田综合种养示范区

1. 田间工程和配套

（1）田块选择　选择水质良好、水量充足、周围没有污染源、保水能力较强、排灌方便、不受洪水淹没的田块进行稻田养虾，周围没有高大树木，桥涵闸站配套，通电、通水、通路。20 亩为 1 个单元。

（2）开挖虾沟　沿稻田田埂内侧向内 50 厘米开始四周挖养虾沟，沟宽 4～6 米，深 1.5 米，坡比 1∶1.5。四周设防逃网和防逃膜。

（3）附属工程　进、排水口要用铁丝网或栅栏围住，防止小龙虾外逃和敌害进入。同时防止青蛙进入产卵，避免蝌蚪残食虾苗。

（4）水草种养　在稻田环沟和田中栽种伊乐藻，覆盖率不高于 60%。环形沟内栽植沉水性水生植物，如轮叶黑藻、金鱼藻、马来眼子菜等，池坡种植水花生、油草或蕹菜护坡。

2. 水稻种植

（1）选用良种　川香优 6203、宜香优 2115。

（2）精细播种　播前用浸种防治恶苗病、干尖线虫病等病害。浸泡至露白后播种。每亩施用有机肥，施肥后上水反复耙平，实现田面“高低不过寸，寸水不露泥”。

（3）杂草防除　针对具体田块的主要杂草选用相应的除草剂去除。

（4）虫害预防　稻田中每 20 亩安装太阳能仿生诱虫灯 1 台，以杀灭水稻害虫。

3. 亲虾投放

（1）投放时间 6～8月。

（2）投放方式 每亩放养个体在40克/只以上的小龙虾15～25千克，选择颜色暗红或深红、有光泽、体表光滑无附着物，个体大（雌雄个体重都要在35克以上），附肢齐全、体格健壮、活动能力强的小龙虾作为亲虾。运输时间控制在2小时以内。在稻田水草多、茂盛、浅水的地方，分点投放，把虾筐侧放，让亲虾自行爬出虾筐。

4. 饲养管理

主要投喂人工配合颗粒饲料，投饲率为3%～5%，以2小时内吃完不留残饵为准。

5. 日常管理

每天坚持早晚巡田，每天2次，观察小龙虾摄食活动情况、防逃设备、水色、水草和水位情况等。

6. 虾病防治

虾病防治“以防为主，防重于治”。用氯制剂和生石灰定期消毒，水质调节以EM菌等生物制剂为主，底质不好可用改底药物处理。

7. 起捕上市

集中上市时间主要分虾苗上市和成虾上市。虾苗主要在10月底至11月、第二年3～4月。成虾上市主要集中在4～5月，6～8月。一般采用虾笼（地笼）进行诱捕，可根据地笼网眼大小来诱捕虾苗或成虾。

8. 秋繁管理

9月中下旬至10月，水稻收割后，对养殖田块施用有机肥进行旋耕处理，注入新水，培育轮虫等浮游生物，亲虾交配抱卵，孵化虾苗，要加强饲料投喂力度，确保亲虾和苗种营养需求。做好冬季小龙虾入洞越冬，第二年开春水温达到15℃以上，加强投喂，4月即可起捕一部分成虾，小虾苗进入下一年度饲养管理阶段。

9. 效益分析

以20亩为1个单位计算：

（1）投入成本 田租：700元/亩×20亩=14000元；稻种：35元/亩×20亩=700元；水草：40元/亩×20亩=800元；机械插秧：180元/亩×20亩=3600元；有机肥：150元/亩×20亩=3000元；机械收割：60元/亩×20亩=1200元；小龙虾亲虾：900元/亩×20亩=18000元；水电：50元/亩×20亩=1000元；人工：500元/亩×20亩=10000元；配合饲

料：500元/亩×20亩=10000元。合计投入：62300元。

（2）收入合计 亩产水稻500千克，均价10元/千克，收入100000元；小龙虾苗亩产100千克，均价35元/千克，收入70000元；小龙虾成虾亩产100千克，均价30元/千克，收入60000元。合计收入230000元。

（3）效益分析 230000元－62300元＝167700元，亩均效益8385元。

二、安徽颍上县邱家湖辉宏水产养殖专业合作社稻虾共作养殖成功模式

安徽颍上县共发展稻田综合种养面积1.2万亩，其中稻虾共作6800亩，亩产水稻500千克，亩产小龙虾130千克左右，产生了显著的经济效益，为发展沿淮适应性农业提供了很好的示范样板。具体做法如下：

1. 稻田准备

（1）面积 10～20亩。

（2）水源、水质 直接引用淮河水，排灌方便、水质良好。

（3）开沟 沿稻田埂外缘向稻田内7～8米处开挖环形沟，堤脚距沟1米开挖，沟宽3～4米，沟深1～1.5米，坡比1:1.5。

（4）筑埂 利用开挖环形沟挖出的泥土加固、加高、加宽、逐层夯实田埂。田埂高于田面0.6～0.8米，顶部宽2～3米。

（5）防逃设施 稻田排水口和田埂上设防逃网。排水口的防逃网采用8孔/厘米（相当于20目）的网片，田埂上的防逃网用彩钢瓦制作，防逃瓦高30厘米。

（6）进、排水设施 进、排水口分别位于稻田两端，进水渠道建在稻田一端的田埂上，进水口用20目的长型网袋过滤，防止敌害生物随水流进入。排水口建在稻田另一端环形沟的低处。

2. 饲养管理

（1）晒塘种草及消毒 每年10月，水稻收割以后立即用打捆机把稻草打捆运走，晾干塘底，每亩用生石灰25千克＋芽孢杆菌1千克（生石灰使用半个月后）全田均撒，然后用旋耕机把塘底旋耕1遍，随后放水10～12厘米。11月以后至来年开春期间，在田间和环沟中栽种伊乐藻等沉水植物，中间夹栽水葫芦、水花生等挺水植物。栽种方法为每3米1排，中间隔5米左右为虾道，一直栽至环沟边。沉水植物面积应为

全田面积的50%左右，挺水植物为全田的15%左右。整个冬季水深保持30厘米左右，以促进伊乐藻生长。

（2）亲虾选购与投放 在10月下旬稻田整好后种草之前投放亲虾，选择每只30克左右的亲虾，每亩投放密度为25千克左右，雌雄比例为(2.5~3)∶1。放虾时用维生素C或5%盐水浸泡1~2分钟，以减少应激反应和杀灭病菌。

（3）饲料投喂 在第二年3月，每亩施腐熟的农家肥100~150千克肥水。等到水温上升到16℃以上时，伊乐藻大面积生长起来可供小龙虾70%的食量，再用30%的小杂鱼、螺蛳、颗粒饲料或人工配制的饲料补充。人工配制的饲料主要是蒸熟后的玉米、小麦。可在环沟边设若干个投料点，投撒要均匀，投饲量以当天吃完为标准。

（4）水质调控与病害预防 在4月中旬要杀1次弧菌，然后用EM菌每隔10天左右全田泼洒1次，使水质保持活、嫩、爽，每半个月加水或换水1次，刺激小龙虾生长。5~6月是小龙虾疾病的高发期。这期间一定要注意氨氮、亚硝酸盐等是否超标，每半个月用二氧化氯改底1次，3天后再用EM菌调水，每10天左右换水1次，每次换水1/3，这样基本保持水体的活、嫩、爽，小龙虾无病害。

（5）敌害防控 稻田饲养小龙虾，其敌害较多，如蛙、水蛇、黄鳝、肉食性鱼类、水老鼠及水鸟等。每年用1~2次茶籽饼或茶皂素清除敌害；每15亩安装1台太阳能仿生杀虫驱鸟灯，另外，在田边设置一些彩条或稻草人，恐吓、驱赶水鸟。

（6）成虾捕捞、亲虾留存 捕捞时间：第一茬捕捞时间从4月上旬开始，到6月下旬结束；第二茬捕捞时间从8月上旬开始，到9月底结束。

3. 水稻栽培与管理

（1）水稻品种选择 养稻虾田只种一季稻，水稻品种要选择叶片开张角度小，抗病虫害、抗倒伏且耐肥性强的紧穗型品种。2016年种植为沿两优2208杂交水稻，符合品种要求。

（2）稻田整理 6月上旬左右，把原虾塘的成虾捕捞90%后，排水把剩余的虾都排到环沟内田面留5厘米以下的水层，亩施有机肥10~15千克，然后旋田1遍、拉平。

（3）秧苗栽插 6月下旬用插秧机械插秧苗，每插秧苗10米，留虾道1米宽。

（4）围埂建造 在靠近虾沟的田面围上一周高30厘米、宽20厘米的土埂，将环沟和田面分隔开。要求整田时间尽可能短，防止沟中小龙虾因长时间密度过大而造成不必要的损失。

（5）水位控制 在秧插完7天左右、秧苗返青时逐步加水，使小龙虾扩大活动范围。在9月底水稻即将成熟时需要排水，排水时可以采取逐步排水法。每3~4天排水1次，每次排水20厘米左右。在第二年3月上水时，也要逐步加深水位，这样小龙虾不至于一次蜂拥而出，导致密度过大而产生危害。

（6）虫害预防 稻田中每15亩安装太阳能仿生诱虫灯1台，以杀灭水稻害虫。

4. 主要技术要点

1）水稻实现了机械插秧，节省了人工。

2）水稻不用化肥、不打农药，达到绿色食品标准，增加了经济效益。

3）在稻田内栽种水草，使用生物制剂，提升了小龙虾品质。

4）一次放足，分批捕捞，节约苗种成本。

5）分层次排水，分层次进水，增加了田埂上的洞穴量，提高了虾苗的产量，增加了经济效益。

5. 效益分析

1）亩生产成本=土地流转费700元+水稻成本500元+小龙虾生产成本（种苗、饲料、有机肥、生石灰、生物制剂、水电费、人工费等）2500元=3700元。

2）亩产值（按亩产水稻500千克、8元/千克，小龙虾130千克、45元/千克计）=500千克×8元/千克+130千克×45元/千克=9850元。

3）亩均效益=亩产值-亩生产成本=9850元-3700元=6150元。

三、鄂州市稻虾共作养殖成功模式

鄂州市创新的“一稻两虾”稻虾共作种养模式，6~9月重点进行水稻种植，10月至第二年5月重点进行小龙虾养殖，分别在4~5月和8~9月进行小龙虾捕捞。

1. 水稻种植

在水稻种植方面，需选择水源充足和水质良好的环境，确保稻田底质拥有较好的保水性，且排灌方便，土质肥沃、集中连片。在水稻品种

选择上，鄂州市多选择紧穗型，主要为丰两优香1号和黄华占等，这些水稻品种具有较强的耐肥性，茎秆粗壮，拥有适中的生育期和较好的抗病虫害能力，可以满足稻虾共作需求。在每年6月中旬，需采用条栽结合边行密植方法进行水稻浅水栽插，保持30厘米×15厘米的移植密度，以保证小龙虾生活环境通风、透气。在插秧前10～15天，为确保肥力持久、长效，需一次施入农家肥200千克/亩和生物复合肥10～15千克/亩，并在放虾后减少施肥、追肥次数，以免影响小龙虾生长水体的溶氧量。在水稻返青期、孕穗期和分蘖期，追施尿素5千克/亩，需提前将田水排浅，使小龙虾进入虾沟，并直至肥料被田泥吸收后恢复正常水深，禁止施用碳酸氢铵和氨水等肥料。在小龙虾放养的早期阶段，应使田水保持10厘米深度，在栽秧15～20天后进行晒田，注意仅能将水位降低至田面露出，复水后需将田水深度控制在20～25厘米。进入水稻有效分蘖期，需保持浅水勤灌，在无效分蘖期需保持20厘米水深。在水稻病虫害防治方面，需在放养龙虾后采用人工除草，采用物理法和生物法防治病虫害，尽量安装杀虫灯和使用生物农药Bt、阿维菌素等，禁用小龙虾高度敏感的有机磷、菊酯类农药，并严格控制农药使用浓度。农药需喷洒于水稻叶面，喷洒时需加深田水以降低药物浓度，并避免进入水中给小龙虾带来伤害。在9月下旬进行水稻收割，以机械高留茬收割，留茬高度为40～50厘米，并进行稻草返田和稻秆淹青，分次加水，待稻桩返青长出二季稻后，分3～4次全部淹没，促进稻草腐烂以产生返青和浮游生物，为小龙虾提供饲料及栖息场所。

2. 小龙虾养殖

每年8月底需进行亲虾繁殖和虾苗放养，在水稻收割前10～15天，按照10～15千克/亩进行亲虾投放，确保雌雄个体重量在35克以上，比例为（2～3）:1，颜色呈深红或暗红。在稻田冬休期间，可繁殖虾苗。沿着稻田田埂内侧挖掘虾沟，宽4～6米、深1.0～1.5米、坡比为1.0:1.5。针对50亩以上的田块，需在中间挖宽1～2米、深0.5～0.8米的“一”字形或“十”字形虾沟。虾沟面积不超过稻田面积的10%，保证田埂高出田面0.6～0.8米，并使排水口位于稻田最低处，进水渠道位于田埂位置。稻田进、出水口需安装20目网片以防止小龙虾逃跑，田埂上的防逃网可用防逃塑料膜制作，防逃网高40厘米。

亲虾养殖每天需投喂动物性饲料160克/亩，10月上旬稚虾出现后需投喂1周豆浆，频率为3～4次/周，第2周需早晚投喂动物性饲料。

每20天泼洒生石灰水1次（15千克/亩），以调节水质。12月前，每月需加施2次腐熟农家肥。水温小于15℃时，小龙虾将进入洞穴越冬，2～3月小龙虾出洞后即可投喂饲料。2～7月，需结合虾苗量适时进行补充投放，通常投放3厘米左右虾苗，同一田块虾苗应为同一规格，做到1次放足，并沿沟多点投放，确保虾苗均匀分布，以免出现缺氧问题。3月易出现青苔，需利用腐殖酸钠生物遮光法进行控制。4～9月适时捕捞小龙虾，需加强田间管理，注新水至50厘米，加强投喂，定期使用水质改良剂调节水质，并使用免疫增强剂增强小龙虾抗病能力。始终坚持“预防为主，治疗为辅”的虾病防治原则，多采用物理、生物防治方法。

3. 效益分析

1）亩生产成本＝土地流转费1000元＋水稻成本500元＋小龙虾生产成本（种苗、饲料、有机肥、生石灰、生物制剂、水电费、人工费等）2500元＝4000元。

2）亩产值（按亩产水稻500千克、10元/千克，小龙虾200千克、35元/千克计）＝500千克×10元/千克＋200千克×35元/千克＝12000元。

3）亩均效益＝亩产值－亩生产成本＝12000元－4000元＝8000元。

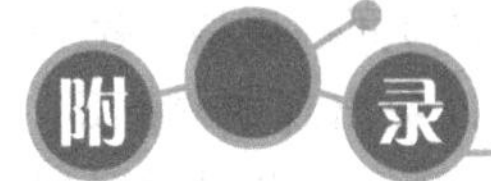

附录A 稻渔综合种养技术规范通则

前 言

SC/T 1135《稻渔综合种养技术规范》拟分为6部分：

——第1部分：通则；

——第2部分：稻鲤；

——第3部分：稻蟹；

——第4部分：稻虾（克氏原螯虾）；

——第5部分：稻鳖；

——第6部分：稻鳅。

本部分为SC/T 1135的第1部分。

本部分按照GB/T 1.1—2009给出的规则起草。

请注意本文件的某些内容可能涉及专利。本文件的发布机构不承担识别这些专利的责任。

本部分由农业部渔业渔政管理局提出。

本部分由全国水产标准化技术委员会淡水养殖分技术委员会（SAC/TC 156/SC 1）归口。

本部分起草单位：全国水产技术推广总站、上海海洋大学、浙江大学、湖北省水产技术推广总站、浙江省水产技术推广总站、中国水稻研究所。

本部分主要起草人：朱泽闻、李可心、陈欣、成永旭、王浩、肖放、马达文、何中央、唐建军、金千瑜、王祖峰、李嘉尧。

稻渔综合种养技术规范

第1部分：通则

1　范围

本部分规定了稻渔综合种养的术语和定义、技术指标、技术要求和

技术评价。

本部分适用于稻渔综合种养的技术规范制定、技术性能评估和综合效益评价。

2　规范性引用文件

下列文件对于本标准的应用是必不可少的。凡是注日期的引用文件，仅注日期的版本适用于本文件。凡是不注日期的引用文件，其最新版本（包括所有的修改单）适用于本文件。

GB 2763 食品安全国家标准 食品中农药最大残留限量

GB/T 8321.2 农药合理使用准则（二）

GB 11607 渔业水质标准

NY 5070 无公害农产品 水产品中渔药残留限量

NY 5071 无公害食品 渔用药物使用准则

NY 5072 无公害食品 渔用配合饲料安全限量

NY 5073 无公害食品 水产品中有毒有害物质限量

NY 5116 无公害食品 水稻产地环境条件

NY/T 5117 无公害食品 水稻生产技术规程

NY/T 5361 无公害食品 淡水养殖产地环境条件

SC/T 9101 淡水池塘养殖水排放要求

3　术语和定义

以下术语和定义适用于本文件。

3.1　共作（co-culture）

在同一稻田中同时种植水稻和养殖水产养殖动物的生产方式。

3.2　轮作（rotation）

在同一稻田中有顺序地在季节间或年间轮换种植水稻和养殖水产养殖动物的生产方式。

3.3　稻渔综合种养（integrated farming of rice and aquaculture animal）

通过对稻田实施工程化改造，构建稻渔共作轮作系统，通过规模开发、产业经营、标准生产、品牌运作，能实现水稻稳产、水产品新增、经济效益提高、农药化肥施用量显著减少，是一种生态循环农业发展模式。

3.4　茬口（stubble）

在同一稻田中种植和水产养殖的前后季作物、水产养殖动物及其替换次序的总称。

3.5 沟坑（ditch and puddle for aquaculture）

用于水产养殖动物活动、暂养、栖息等用途而在稻田中开挖的沟和坑。

3.6 沟坑占比（percentage of the areas of ditch and puddle）

种养田块中沟坑面积占稻田总面积的比例。

3.7 田间工程（field engineering）

为构建稻渔共作轮作模式而实施的稻田改造，包括进排水系统改造、沟坑开挖、田埂加固、稻田平整、防逃防害防病设施建设、机耕道路和辅助道路建设等内容。

3.8 耕作层（plough layer）

经过多年耕种熟化形成稻田特有的表土层。

4 技术指标

稻渔综合种养应保证水稻稳产，技术指标应符合以下要求：

a）水稻单产：平原地区水稻产量每667米^{2}不低于500千克，丘陵山区水稻单产不低于当地水稻单作平均单产。

b）沟坑占比：沟坑占比不超过10%。

c）单位面积纯收入提升情况：与同等条件下水稻单作对比，单位面积纯收入平均提高50%以上。

d）化肥施用减少情况：与同等条件下水稻单作对比，单位面积化肥施用量平均减少30%以上。

e）农药施用减少情况：与同等条件下水稻单作对比，单位面积农药施用量平均减少30%以上。

f）渔用药物施用情况：无抗菌类和杀虫类渔用药物使用。

5 技术要求

5.1 稳定水稻生产

5.1.1 宜选择茎秆粗壮、分蘖力强、抗倒伏、抗病、丰产性能好、品质优、适宜当地种植的水稻品种。

5.1.2 稻田工程应保证水稻有效种植面积，保护稻田耕作层，沟坑占比不超过10%。

5.1.3 稻渔综合种养技术规范中，应按技术指标要求设定水稻最低目标单产。共作模式中，水稻栽培应发挥边际效应，通过边际密植，最大限量保证单位面积水稻种植穴数；轮作模式中，应做好茬口衔接，保证水稻有效生产周期，促进水稻稳产。

5.1.4　水稻秸秆宜还田利用，促进稻田地力修复。

5.2　规范水产养殖

5.2.1　宜选择适合稻田浅水环境、抗病抗逆、品质优、易捕捞、适宜于当地养殖、适宜产业化经营的水产养殖品种。

5.2.2　稻渔综合种养技术规范中，应结合水产养殖动物生长特性、水稻稳产和稻田生态环保的要求，合理设定水产养殖动物的最高目标单产。

5.2.3　渔用饲料质量应符合 NY 5072 的要求。

5.2.4　稻田中严禁施用抗菌类和杀虫类渔用药物，严格控制消毒类、水质改良类渔用药物施用。

5.3　保护稻田生态

5.3.1　应发挥稻渔互惠互促效应，科学设定水稻种植密度与水产养殖动物放养密度的配比，保持稻田土壤肥力的稳定性。

5.3.2　稻田施肥应以有机肥为主，宜少施或不施用化肥。

5.3.3　稻田病虫草害应以预防防治为主，宜减少农药和渔用药物施用量。

5.3.4　水产养殖动物养殖应充分利用稻田天然饵料，宜减少渔用饲料投喂量。

5.3.5　稻田水体排放应符合 SC/T 9101 的要求。

5.4　保障产品质量

5.4.1　稻田水源条件应符合 GB 11607 的要求，稻田水质条件应符合 NY/T 5361 的要求。

5.4.2　稻田产地环境条件应符合 NY 5116—2002 的要求，水稻生产过程应符合 NY/T 5117 的要求。

5.4.3　稻田中不得施用含有 NY 5071 中所列禁用渔药化学组成的农药，农药施用应符合 GB/T 8321.2 的要求，渔用药物施用应符合 NY 5071 的要求。

5.4.4　稻米农药最大残留限量应符合 GB 2763 的要求，水产品渔药残留和有毒有害物质限量应符合 NY 5070、NY 5073 的要求。

5.4.5　生产投入品应来源可追溯，生产各环节建立质量控制标准和生产记录制度。

5.5　促进产业化

5.5.1　应规模化经营，集中连片或统一经营面积应不低于 66.7 公

顷，经营主体宜为龙头企业、种养大户、合作社、家庭农场等新型经营主体。

5.5.2 应标准化生产，宜根据实际将稻田划分为若干标准化综合种养单元，并制定相应稻田工程建设和生产技术规范。

5.5.3 应品牌化运作，建立稻田产品的品牌支撑和服务体系，并形成相应区域公共或企业自主品牌。

5.5.4 应产业化服务，建立苗种供应、生产管理、流通加工、品质评价等关键环节的产业化配套服务体系。

6 技术评价

6.1 评价目标

通过经济、生态、社会效益分析，评估稻渔综合种养模式的技术性能，并提出优化建议。

6.2 评价方式

6.2.1 经营主体自评

经营主体应每年至少开展一次技术评价，形成技术评价报告，并建立技术评价档案。

6.2.2 公共评价

成立第三方评价工作组，工作组应由渔业、种植业、农业经济管理、农产品市场分析等方面专家组成，形成技术评价报告，并提出公共管理决策建议。

6.3 评价内容

6.3.1 经济效益分析

通过综合种养和水稻单作的对比分析，评估稻渔综合种养的经济效益。评价内容应至少包括：

a）单位面积水稻产量及增减情况。

b）单位面积水稻产值及增减情况。

c）单位面积水产品产量。

d）单位面积水产品产值。

e）单位面积新增成本。

f）单位面积新增纯收入。

6.3.2 生态效益评价

通过综合种养和水稻单作的对比分析，评估稻渔综合种养的生态效益。评价内容应至少包括：

a）农药施用情况。

b）化肥施用情况。

c）渔用药物施用情况。

d）渔用饲料施用情况。

e）废物废水排放情况。

f）能源消耗情况。

g）稻田生态改良情况。

6.3.3 社会效益评价

通过综合种养和水稻单作的对比分析，评估稻渔综合种养的社会效益。评价内容应至少包括：

a）水稻生产稳定情况。

b）带动农户增收情况。

c）新型经营主体培育情况。

d）品牌培育情况。

e）产业融合发展情况。

f）农村生活环境改善情况。

g）防灾抗灾能力提升情况。

6.4 评价方法

6.4.1 效益评价方法

通过稻渔综合种养模式，与同一区域中水稻品种、生产周期和管理方式相近的，水稻单作模式进行对比分析，评估稻渔综合种养的经济、生态、社会效益。

效益评价中，评价组织者可结合实际，选择以标准种养田块或经营主体为单元，进行调查分析。稻渔综合种养模式中稻田面积的核定应包括沟坑的面积。

6.4.2 技术指标评估

00011 根据效益评价结果，填写模式技术指标评价表。第 4 章的技术指标全部达到要求，方可判定评估模式为稻渔综合种养模式。

6.5 评价报告

技术评价应形成正式报告，至少包括以下内容：

a）经济效益评价情况。

b）生态效益评价情况。

c）社会效益评价情况。

d）模式技术指标评估情况。

e）优化措施建议。

附录B 渔用药物使用方法及禁用渔药

1. 各类渔用药物的使用方法（附表 B-1）

附表 B-1 渔用药物使用方法

渔药名称	用途	用法与用量	休药期/天	注意事项
氧化钙（生石灰）	用于改善池塘环境，清除敌害生物及预防部分细菌性鱼病	带水清塘：200～250毫克/升（虾类：350～400毫克/升） 全池泼洒：20～25毫克/升（虾类：15～30毫克/升）		不能与漂白粉、有机氯、重金属盐、有机络合物混用
漂白粉	用于清塘、改善池塘环境及防治细菌性皮肤病、烂鳃病、出血病	带水清塘：20毫克/升 全池泼洒：1.0～1.5毫克/升	≥5	1. 勿用金属容器盛装 2. 勿与酸、铵盐、生石灰混用
二氯异氰尿酸钠	用于清塘及防治细菌性皮肤溃疡病、烂鳃病、出血病	全池泼洒：0.3～0.6毫克/升	≥10	勿用金属容器盛装
三氯异氰尿酸	用于清塘及防治细菌性皮肤溃疡病、烂鳃病、出血病	全池泼洒：0.2～0.5毫克/升	≥10	1. 勿用金属容器盛装 2. 针对不同的鱼类和水体的pH，使用量应适当增减
二氧化氯	用于防治细菌性皮肤病、烂鳃病、出血病	浸浴：20～40毫克/升，5～10分钟 全池泼洒：0.1～0.2毫克/升，严重时0.3～0.6毫克/升	≥10	1. 勿用金属容器盛装 2. 勿与其他消毒剂混用

附录

（续）

渔药名称	用途	用法与用量	休药期/天	注意事项
二溴海因	用于防治细菌性和病毒性疾病	全池泼洒：0.2～0.3毫克/升		
氯化钠（食盐）	用于防治细菌、真菌或寄生虫疾病	浸浴：1%～3%，5～20分钟		
硫酸铜（蓝矾、胆矾、石胆）	用于治疗纤毛虫、鞭毛虫等寄生性原虫病	浸浴：毫克/升（海水鱼类：8～10毫克/升），15～30分钟 全池泼洒：0.5～0.7毫克/升（海水鱼类：0.7～1.0毫克/升）		1. 常与硫酸亚铁合用 2. 广东鲂慎用 3. 勿用金属容器盛装 4. 使用后注意池塘增氧 5. 不宜用于治疗小瓜虫病
硫酸亚铁（硫酸低铁、绿矾、青矾）	用于治疗纤毛虫、鞭毛虫等寄生性原虫病	全池泼洒：0.2毫克/升(与硫酸铜合用)		1. 治疗寄生性原虫病时需与硫酸铜合用 2. 乌鳢慎用
高锰酸钾（锰酸钾、灰锰氧、锰强灰）	用于杀灭锚头鳋	浸浴：10～20毫克/升，15～30分钟 全池泼洒：4～7毫克/升		1. 水中有机物含量高时药效降低 2. 不宜在强烈阳光下使用
四烷基季铵盐络合碘（季铵盐含量为50%）	对病毒、细菌、纤毛虫、藻类有杀灭作用	全池泼洒：0.3毫克/升（虾类相同）		1. 勿与碱性物质同时使用 2. 勿与阴性离子表面活性剂混用 3. 使用后注意池塘增氧 4. 勿用金属容器盛装

（续）

渔药名称	用　途	用法与用量	休药期/天	注意事项
大蒜	用于防治细菌性肠炎	拌饵投喂：10～30克/千克体重，连用4～6天（海水鱼类相同）		
大蒜素粉（含大蒜素10%）	用于防治细菌性肠炎	0.2克/千克体重，连用4～6天（海水鱼类相同）		
大黄	用于防治细菌性肠炎、烂鳃	全池泼洒：2.5～4.0毫克/升（海水鱼类相同） 拌饵投喂：5～10克/千克体重，连用4～6天（海水鱼类相同）		投喂时常与黄芩、黄檗合用（三者比例为5:2:3）
黄芩	用于防治细菌性肠炎、烂鳃、赤皮、出血病	拌饵投喂：2～4克/千克体重，连用4～6天（海水鱼类相同）		投喂时需与大黄、黄檗合用（三者比例为2:5:3）
黄檗	用于防治细菌性肠炎、出血	拌饵投喂：3～6克/千克体重，连用4～6天（海水鱼类相同）		投喂时需与大黄、黄芩合用（三者比例为3:5:2）
五倍子	用于防治细菌性烂鳃、赤皮、白皮、疖疮	全池泼洒：2～4毫克/升（海水鱼类相同）		
穿心莲	用于防治细菌性肠炎、烂鳃、赤皮	全池泼洒：15～20毫克/升 拌饵投喂：10～20克/千克体重，连用4～6天		
苦参	用于防治细菌性肠炎、竖鳞	全池泼洒：1.0～1.5毫克/升 拌饵投喂：1～2克/千克体重，连用4～6天		

（续）

渔药名称	用　途	用法与用量	休药期/天	注意事项
土霉素	用于治疗肠炎病、弧菌病	拌饵投喂：50~80毫克/千克体重，连用4~6天（海水鱼类相同，虾类：50~80毫克/千克体重，连用5~10天）	≥30（鳗鲡）≥21（鲶鱼）	勿与铝、镁离子及卤素、碳酸氢钠、凝胶合用
噁喹酸	用于治疗细菌性肠炎病、赤鳍病，香鱼、对虾弧菌病，鲈鱼结节病，鲱鱼疖疮病	拌饵投喂：10~30毫克/千克体重，连用5~7天（海水鱼类：1~20毫克/千克体重；对虾：6~60毫克/千克体重，连用5天）	≥25（鳗鲡）≥21（鲤鱼、香鱼）≥16（其他鱼类）	用药量视不同的疾病有所增减
磺胺嘧啶（磺胺哒嗪）	用于治疗鲤科鱼类的赤皮病、肠炎病，海水鱼链球菌病	拌饵投喂：100毫克/千克体重，连用5天（海水鱼类相同）		1. 与甲氧苄氨嘧啶（TMP）同用，可产生增效作用 2. 第一天药量加倍
磺胺甲噁唑（新诺明、新明磺）	用于治疗鲤科鱼类的肠炎病	拌饵投喂：100毫克/千克体重，连用5~7天	≥30	1. 不能与酸性药物同用 2. 与甲氧苄氨嘧啶（TMP）同用，可产生增效作用 3. 第一天药量加倍
磺胺间甲氧嘧啶（制菌磺、磺胺-6-甲氧嘧啶）	用于治疗鲤科鱼类的竖鳞病、赤皮病及弧菌病	拌饵投喂：50~100毫克/千克体重，连用4~6天	≥37（鳗鲡）	1. 与甲氧苄氨嘧啶（TMP）同用，可产生增效作用 2. 第一天药量加倍
氟苯尼考	用于治疗鳗鲡爱德华氏病、赤鳍病	拌饵投喂：10.0毫克/千克体重，连用4~6天	≥7（鳗鲡）	

附录

（续）

渔药名称	用途	用法与用量	休药期/天	注意事项
聚维酮碘（聚乙烯吡咯烷酮碘、皮维碘、PVP-1、伏碘）（有效碘1%）	用于防治细菌性烂鳃病、弧菌病、鳗鲡红头病。并可用于预防病毒病，如草鱼出血病、传染性胰腺坏死病、传染性造血组织坏死病、病毒性出血败血症	全池泼洒：海、淡水幼鱼、幼虾：0.2~0.5毫克/升 海、淡水成鱼、成虾：1~2毫克/升 鳗鲡：2~4毫克/升 浸浴： 草鱼种：30毫克/升，15~20分钟 鱼卵：30~50毫克/升（海水鱼卵：25~30毫克/升），5~15分钟		1. 勿与金属物品接触 2. 勿与季铵盐类消毒剂直接混合使用

注：1. 用法与用量栏未标明海水鱼类与虾类的均适用于淡水鱼类。

2. 休药期为强制性。

2. 禁用渔药

严禁使用高毒、高残留或具有三致毒性（致癌、致畸、致突变）的渔药。严禁使用对水域环境有严重破坏而又难以修复的渔药，严禁直接向养殖水域泼洒抗生素，严禁将新近开发的人用新药作为渔药的主要或次要成分。禁用渔药见附表 B-2。

附表 B-2　禁用渔药

药物名称	化学名称（组成）	别名
地虫硫磷	0-2 基-S 苯基二硫代磷酸乙酯	大风雷
六六六 BHC（HCH）	1,2,3,4,5,6-六氯环己烷	
林丹	Z-1,2,3,4,5,6-六氯环己烷	丙体六六六
毒杀芬	八氯莰烯	氯化莰烯
滴滴涕	2,2-双（对氯苯基）-1,1,1-三氯乙烷	
甘汞	二氯化汞	
硝酸亚汞	硝酸亚汞	
醋酸汞	醋酸汞	

（续）

药物名称	化学名称（组成）	别　名
呋喃丹	2,3-二氢-2,2-二甲基-7-苯并呋喃基-甲基氨基甲酸酯	克百威、大扶农
杀虫脒	N-(2-甲基-4-氯苯基) N',N'-二甲基甲脒盐酸盐	克死螨
双甲脒	1,5-双-(2,4-二甲基苯基)-3-甲基-1,3,5-三氮戊二烯-1,4	二甲苯胺脒
氰氯氰菊酯	α-氰基-3-苯氧基-4-氰苄基 (1R,3R)-3-(2,2-二氯乙烯基)-2,2-二甲基环丙烷羧酸酯	百树菊酯、百树得
氟氰戊菊酯	(R,S)-α-氰基-3-苯氧苄基-(R,S)-2-(4-二氟甲氧基)-3-甲基丁酸酯	保好江乌 氟氰菊酯
五氯酚钠	五氯酚钠	
孔雀石绿	$C_{23}H_{25}ClN_2$	碱性绿、盐基块绿、孔雀绿
锥虫胂胺		
酒石酸锑钾	酒石酸锑钾	
磺胺噻唑	2-(对氨基苯磺酰胺)-噻唑	消治龙
磺胺脒	N_1-脒基磺胺	磺胺胍
呋喃西林	5-硝基呋喃醛缩氨基脲	呋喃新
呋喃唑酮	3-(5-硝基糠叉胺基)-2-噁唑烷酮	痢特灵
呋喃那斯	6-羟甲基-2-[-(5-硝基-2-呋喃基乙烯基)] 吡啶	P-7138 （实验名）
氯霉素 （包括其盐、酯及制剂）	由委内瑞拉链霉素产生或合成法制成	
红霉素	属微生物合成，是 *Streptomyces eyythreus* 产生的抗生素	
杆菌肽锌	由枯草杆菌 *Bacillus subtilis* 或 *B. leicheni formis* 所产生的抗生素，为一含有噻唑环的多肽化合物	枯草菌肽

（续）

药物名称	化学名称（组成）	别名
泰乐菌素	*S. fradiae* 所产生的抗生素	
环丙沙星	为合成的第三代喹诺酮类抗菌药，常用盐酸盐水合物	环丙氟哌酸
阿伏帕星		阿伏霉素
喹乙醇	喹乙醇	喹酰胺醇羟乙喹氧
速达肥	5-苯硫基-2-苯并咪唑	苯硫哒唑氨甲基甲酯
己烯雌酚（包括雌二醇等其他类似合成等雌性激素）	人工合成的非甾体雌激素	乙烯雌酚，人造求偶素
甲基睾丸酮（包括丙酸睾丸素、去氢甲睾酮以及同化物等雄性激素）	睾丸素 C_{17} 的甲基衍生物	甲睾酮甲基睾酮

附录 C　淡水养殖用水水质要求（附表 C-1）

附表 C-1　淡水养殖用水水质要求

序号	项目	标准值
1	色、臭、味	不得使养殖水体带有异色、异臭、异味
2	总大肠菌群/(个/升)	≤5000
3	汞/(毫克/升)	≤0.0005
4	镉/(毫克/升)	≤0.005
5	铅/(毫克/升)	≤0.05
6	铬/(毫克/升)	≤0.1
7	铜/(毫克/升)	≤0.01
8	锌/(毫克/升)	≤0.1
9	砷/(毫克/升)	≤0.05

（续）

序　　号	项　　目	标　准　值
10	氟化物/(毫克/升)	≤1
11	石油类/(毫克/升)	≤0.05
12	挥发性酚/(毫克/升)	≤0.005
13	甲基对硫磷/(毫克/升)	≤0.0005
14	马拉硫磷/(毫克/升)	≤0.005
15	乐果/(毫克/升)	≤0.1
16	六六六（丙体)/(毫克/升)	≤0.002
17	DDT/(毫克/升)	0.001

参 考 文 献

[1] 舒新亚，龚珞军，张从义．淡水小龙虾健康养殖技术［M］．北京：化学工业出版社，2008.

[2] 陶忠虎，邹叶茂．高效养小龙虾［M］．北京：机械工业出版社，2014.

[3] 占家智，羊茜．高效池塘养鱼［M］．北京：机械工业出版社，2015.

[4] 汪建国．小龙虾高效养殖与疾病防治技术［M］．北京：化学工业出版社，2014.

[5] 奚业文，占家智，羊茜．稻虾连作共作精准种养技术［M］．北京：海洋出版社，2017.

[6] 汪名芳，薛镇宇．稻田养鱼虾蟹蛙贝技术［M］．北京：金盾出版社，2001.

[7] 魏青山．武汉地区克氏原螯虾的生物学研究［J］．华中农学院学报，1985，4（1）：16-24.

[8] 李良玉，何舜，曾代松，等．成都市稻田综合种养模式下水稻品种筛选试验［J］．现代农业科技，2017，3：45-46.

[9] 唐洪，李良玉，魏文燕，等．成都市稻田综合种养田间工程改造关键技术［J］．现代农业科技，2017，16：32-34.

[10] 赵朝阳，周鑫，徐增洪，等．4 种水产药物对克氏原螯虾的急性毒性研究［J］．吉林农业大学学报，2009，31（4）：456-459.

[11] 陶易凡，强俊，王辉，等．高 pH 胁迫对克氏原螯虾的急性毒性和鳃、肝胰腺中酶活性及组织结构的影响［J］．水产学报，2016，40（11）：1694-1703.

[12] 何琦瑶，汪开毓，刘韬，等．湖北省潜江地区克氏原螯虾白斑综合征 PCR 诊断及组织病理学观察［J］．水产学报，2018，42（1）：131-140.

[13] 于振海，朱永安，郑玉珍，等．氯虫苯甲酰胺对克氏原螯虾的急性毒性试验［J］．水产科技情报，2017，44（5）：286-288.

[14] 丁正峰，薛晖，王晓丰，等．毒死蜱（CPF）对克氏原螯虾的急性毒性及组织病理观察［J］．生态与农村环境学报，2012，28（4）：462-467.

[15] 徐怡，刘其根，胡忠军，等．10 种农药对克氏原螯虾幼虾的急性毒性［J］．生态毒理学报，2010，5（1）：50-56.

[16] 罗静波，曹志华，温小波，等．亚硝酸盐氮对克氏原螯虾仔虾的急性毒性效应［J］．长江大学学报（自科版），2005，2（11）：64-66.

[17] 潘建林，宋胜磊，唐建清，等. 五氯酚钠对克氏原螯虾急性毒性试验［J］. 农业环境科学学报，2005（1）：60-63.
[18] 徐金云. 庐江县稻虾连作养殖模式成功经验［J］. 渔业致富指南. 2017（12）：21-24.

索　引

注：书中视频建议读者在 Wi-Fi 环境下观看。